CatchUp

生命科学・医科学のための

数学と統計

M. Harris, G. Taylor, J. Taylor 著

長谷川政美 訳

東京化学同人

CatchUp
Maths and Stats
For the life and medical sciences

Michael Harris
Gordon Taylor
Jacquelyn Taylor

© Scion Publishing Ltd, 2005

This translation of *Catch Up Maths and Stats* is published by arrangement with Tokyo Kagaku Dozin Co., Ltd.

序　文

　一世代前の生命科学や医科学系の教育では，数学と統計学はほとんど無視されてきた．しかしながら，現在の学生や医師は，複雑なゲノムデータの解析や，病気伝播の予測モデル，生態学における非線形相互作用，広範囲の定量的生理学データなどに直面しており，それらは数学と統計学の素養を要求している．ところが，生命科学や医科学の多くの学生には，依然として数学の素養が欠けているのが現実である．

　数学と生物学の境界の研究において，私は，これらの新しい科学の発展を積極的に活用するために基礎的な数学・統計学を学びたいという生態学者，生物学者，臨床医と共同研究を行ってきた．しかし彼らにどんな入門書がよいかと尋ねられても，私は肩をすくめるしかなかった．

　また，私が Heriot-Watt 大学に移ったときには，生物学者のための数学のコースを二つ開設したが，数学の素養があまりない学生のための適切な教科書がないためにこれも挫折した．

　したがって，本書の詳細が送られてきたとき，私は興奮した．本書の内容もスタイルも，生命科学や医科学の素養はあるものの，今日の定量的生物学の世界に入るための知識を必要とする人たちのために仕立てられていたからである．

　このような定量的な訓練を積むことによって，次世代の生物学者や臨床医が，定量的生物医学における最近の刺激的な研究成果を十分に活用できるようになることを望むとともに，実際にそのようになることを信じている．Harris, Taylor 夫妻による本書は，そのための重要な貢献である．

Jonathan A. Sherratt
王立エジンバラ協会会員
Heriot-Watt 大学，数学教授

は し が き

　本書は，数学・統計学の基礎的な素養が必要な生命科学や医科学の学生や専門家のために書かれたものである．

　数学・統計学が好きでもあるいは嫌いでも，生命科学や医科学の分野で仕事がしたいのならば，実際に役立つ数学・統計学の知識を身につけなければならない．

　本書は，読者が数学や統計学について，ごく初歩的な知識しかもっていないことを仮定している．しかし，その知識が初歩的なものに過ぎなくても，本書がわかりやすく書かれ，説明していることがわかるだろう．

　読者によっては，いくつかの章は簡単すぎると思うだろう．また，他の読者にとってはある箇所は難しくてじっくり読まないと理解できないかもしれない．読者の理解度に応じて，適当なところから始めるとよい．

　各章にはわかりやすい例題をつけた．また「自己診断テスト」を自分で解いたあと，巻末の答とくらべることによって，読者が勉強したことの理解度をチェックすることができるようにした．

　英国バースにて，2005 年 4 月

Michael Harris
Gordon Taylor
Jacquelyn Taylor

著者略歴

Michael Harris 博士（医学士，外科医学士，王立総合診療医協会会員，医学修士）は，総合診療医で Bath 大学の医学大学院の上級講師（senior lecturer）でもある．最近まで，王立総合診療医協会の試験官であった．教材づくりに特に興味をもっている．

Gordon Taylor 博士（Ph. D., 理学修士，理学士）は，Bath 大学の医学統計学の上級研究員である．おもな仕事は，非営利的な研究に携わる健康管理業務従事者の教育や，その支援，指導である．

Jacquelyn Taylor 夫人（理学修士，理学士，教育学修士）は，数学・科学の中等教育と高等教育の両方に携わっている．

謝　辞

　専門家，熱心な非専門家を問わず，すべての査読者に感謝したい．
　Heriot-Watt 大学の Jonathan Sherratt 教授には，コメントとご自分の教材を使う許可を下さったことに感謝します．
　出版社の Jonathan Ray 博士の辛抱と有益な助言に感謝します．
　最後に，Sue Harris の寛容と支援に感謝します．

訳者序文

　現代の生命科学や医科学を勉強するのに，数学や統計学は避けて通れないものである．これらの分野でも，科学のほかの分野と同様に定量的なデータの解析が重要だからである．ところが，数学や統計学では基礎がしっかりしていないと，高度な知識を身につけようとしてもだめである．そのために，数学や統計学を苦手だと感じている人が多い．

　本書は，さまざまな理由で数学や統計学の基礎的な素養を身につける機会のなかった人たちに，基礎的な素養を授けた上で，生命科学や医科学を研究する際に実際に必要となる数学や統計学の方法を身につけてもらうことを目指している．

　数学や統計学の素養が足りないといっても，さまざまなレベルの人がおられるであろう．本書は算数の基礎から始まっているから，だれでも自分のレベルに合わせて，好きな章から勉強を始めてもよいようになっている．また，生命科学や医科学の具体的な問題を例として示すことによって，数学や統計学の解説をしているので，非常にわかりやすい記述になっている．

　本書を勉強することによって，多くの人が数学嫌いから脱却して，定量的なデータ解析法を身につけられることを期待する．

　　　　　　　　　　　　　　　　　　　　　　　　　長谷川　政美

目　次

1. この本をどのように使うか …………………………………… 1

数　学　編

2. 数の扱い ……………………………………………… 4
3. 分数を使う …………………………………………… 8
4. パーセント（百分率） ……………………………… 12
5. べき（累乗） ………………………………………… 16
6. 近似と誤差 …………………………………………… 20
7. グラフ入門 …………………………………………… 24
8. グラフの傾き ………………………………………… 28
9. 代　数 ………………………………………………… 34
10. 多　項　式 …………………………………………… 39
11. 代数方程式 …………………………………………… 43
12. 二次方程式 …………………………………………… 45
13. 連立方程式 …………………………………………… 49
14. 数列と級数 …………………………………………… 53
15. べき（累乗）の計算 ………………………………… 58
16. 対　数 ………………………………………………… 60
17. 指数的増加と減衰 …………………………………… 63
18. 円 と 球 ……………………………………………… 67
19. 微分計算 ……………………………………………… 69
20. 積分計算 ……………………………………………… 81
21. グラフを使う ………………………………………… 87

数 学 応 用 編

22. SI 単位（国際単位系） ……………………………… 100
23. モ　ル ………………………………………………… 103

24. pH ··· 109
25. 緩衝液 ··· 112
26. 反応速度論 ··· 114

統 計 編

27. 統計学用語 ··· 120
28. データの記述：平均を測る ····································· 124
29. 標準偏差 ·· 130
30. 正規分布の確認 ·· 137
31. 自 由 度 ·· 139
32. 統計を使った比較 ··· 141
33. 平均の標準誤差 ·· 144
34. 信頼区間 ·· 147
35. 確　　率 ·· 150
36. 有意性と P 値 ·· 152
37. 有意性の検定 ··· 155
38. t 検 定 ·· 159
39. 分散分析 ·· 165
40. カイ二乗検定 ··· 169
41. 相　　関 ·· 173
42. 回　　帰 ·· 178
43. ベイズ統計 ··· 184

自己診断テストの解答 ·· 185
付　録（統計的検定法を選ぶための意思決定フローチャート／
　　　　t 分布の臨界値／カイ二乗分布の臨界値）············· 197
索　引 ·· 201

1 この本をどのように使うか

数学・統計学コースを勉強したいのであれば，
- 生命科学や医科学に関係する数学・統計学，すなわち，この本の全章を最初から最後まで勉強してください．
- 最初のページは，あなたが初歩に立ち返りたいという前提で始まります．
- もしも数学や統計に関する多少の知識をもっておられるならば，自分のレベルに合ったところから始めてください．
- 各章はそれまでの章で学んだことを基礎にしています．
- 各章には，勉強したことを明らかにするための例題があります．これによって理解が深まるでしょう．
- 難しい専門用語はできるだけ使わないようにしました．新しく出てくる用語は，太文字で示したうえで，説明を加えてあります．

もしも急いで勉強したいのならば，
- 関係のある章だけを選んで読んでください．それぞれの章は，単独で読んでも構わないようになっています．

参考書がほしいならば，
- この本は参考書として使うことができます．急いで調べたいときに役立つ索引がついています．

理解度を試すために，
- 勉強したことをどこまで理解しているかをチェックするために，それぞれの章の最後にある「自己診断テスト」を解いてみてください．そのあと，答を模範解答とくらべてください．
- ほとんどの問題は手計算で答えられるでしょう．一部の問題は，電卓を使ったほうが簡単かもしれません．

助　言
- 一度にあまり欲張らないようにしましょう．

- 初学者は，難しいところは飛ばして結構です．
- 何回も繰返して読まないと理解できない箇所があるかもしれません．例題を勉強することによって，基礎や原理が理解できるようになるでしょう．

数学編

2 数の扱い

この章では数を扱う原理の復習などの初歩的な勉強をする.

2・1 因　数

ある数の**因数**とは，余りなくそれを割り切ることのできるすべての数のことである.

1, 2, 3, 4, 6, 12 は 12 を割り切ることができる. したがって，これらの数が 12 の因数である.

$$1 \times 12 = 12$$
$$2 \times 6 = 12$$
$$3 \times 4 = 12$$

> **例**
>
> 15 の因数は，1, 3, 5, 15 である.

2・2 共通因数

共通因数とは，二つかそれ以上の数に共通の因数のことである.

> **例**
>
> 1 と 3 は，12 と 15 の共通因数である.

2・3 括弧の使い方

括弧は計算の順番を変えるために使う. **数式の正しい解釈**を心がけよう.

> **例**
>
> 式
> $$3 \times 8 - 5$$
> は次のように計算される.
> $3 \times 8 = 24$ なので，それから 5 を引いて，答は 19

以下のように，$8-5$ を括弧で囲むと，計算の順番が変わる．括弧の中はほかよりも先に計算する．

$$3(8-5) = 3 \times 3 = 9$$

"3 掛ける $(8-5)$" の場合には "$\times$" の記号は不要である．

2・4 計算の順番

数式の**計算の順番**は次の通りである．
- 括弧の中
- べき（累乗）：同じ数を何回も掛け合わせること
- 割り算
- 掛け算
- 足し算
- 引き算

例

$$9 + 6 - 8(7+5) \div 4$$

を計算するには，まず括弧の中の足し算を行う．

$$9 + 6 - 8(12) \div 4$$

次に割り算をすると，

$$9 + 6 - 8 \times 3$$

掛け算をすると，

$$9 + 6 - 24$$

足し算をすると，

$$15 - 24$$

最後に引き算をして，答は，

$$-9$$

2・5 絶対値

数字を囲む**絶対値**記号の縦線は，その数字を正の値に変換する．絶対値は正かゼロである．

例

$$|-3| = 3$$

$|3|=3$

2・6 素　数

1とそれ自身の二つしか因数をもたない数をすべて**素数**という．

> **例**
>
> 7の因数は1と7だけだから，7は素数である．

2・7 平方数

ある数の**平方数**はそれ自身を掛け合わせてつくられる．たとえば，
　3×3は9なので，3の平方数は9
　5×5は25なので，5の平方数は25
3×3は3^2と書くことができ，3の平方または二乗（じじょう）または2乗（にじょう）と読む．

二つの負の数を掛け合わせると答は正になるので，負の数の平方数は正である．

> **例**
>
> $(-3)^2 = (-3)\times(-3) = 9$
> $5\times 5 = 5^2 = 25 =$ "5の平方" あるいは "5の2乗"
>
> コドラート（方形区）は植生調査などで設定される方形の単位区画である．
>
> 5メートル（m）×5メートル（m）のコドラートは25平方メートル（m^2）である．

2・8 平方根

$9 = 3\times 3$なので，3は9の**平方根**とよばれる．平方根は$\sqrt{}$（ルートと読む）記号を用いて，$\sqrt{9} = 3$のように書かれる．

しかし，$(-3)^2$もまた9なので，$\sqrt{9}$は-3でもよい．

平方根は正でも負でもよいので，$\sqrt{16} = \pm 4$となる．

±は "正あるいは負" の意味である．

2・9 立方数

ある数の**立方数**はそれ自身を掛け合わせた後，もう一度それを掛け合わせて得られる．

> **例**
>
> $5 \times 5 \times 5 = 5^3 = 125 =$ "5の立方" あるいは "5の3乗"
>
> したがって，$5 \times 5 \times 5$ ミリメートル（mm）の植物組織の塊は 125 mm^3．

2・10 立方根

$27 = 3 \times 3 \times 3$ なので，3 は 27 の**立方根**という．

これは $\sqrt[3]{27} = 3$ と書かれる．

自己診断テスト

答は巻末参照．

問2・1 18，21，24 の因数は何か．共通因数のうちで一番大きなものは何か．

問2・2 次の式を計算しなさい．
$$7(4+3)(5-2)$$

問2・3 次の式を計算しなさい．
$$16(9 \div 3 + 1) - 10 \div 5$$

問2・4 21，22，23 のうちのどれが素数か．

問2・5 7m 四方のコドラートの面積はいくらか．

問2・6 64 m^2 の正方形コドラートの辺の長さはいくらか．

問2・7 一つの辺の長さが 40 mm の立方体土壌サンプルの体積はいくらか．

問2・8 バイオプシー（生検材料）から得られた立方体組織の体積が 64 mm^3 であった．1辺の長さはいくらか．

3 分数を使う

整数の次に，分数を勉強しよう．

3・1 分　数

分数 3/5 は五つに分けたうちの三つ分を意味する．分数の上は**分子**，下は**分母**という．

分数の計算は，分子を掛け合わせ，分母で割ることによって行う．

> **例**
> $$20 \text{ の } \frac{3}{5} = (3 \times 20) \div 5 = 60 \div 5 = 12$$

3・2 約　分

分子と分母が共通因数をもっていれば，分数は簡約できる．これを**約分**という．

分子にゼロ以外であれば何を掛けても（あるいは割っても），分母にも同じ操作を行えば，分数の値は変わらない．

> **例**
> 12/15 を約分するには，12 と 15 が共通因数 3 をもっているので，分子と分母をそれぞれ 3 で割る．
> $$\frac{12}{15} = \frac{12 \div 3}{15 \div 3} = \frac{4}{5}$$
> 共通因数がなければ，それ以上の約分はできない．

3・3 逆　数

ある数あるいは数式の**逆数**とは，1 をその数あるいは数式で割ったものである．

分数の逆数は，分子と分母を取り替えたものになる．

> **例**
>
> $\dfrac{5}{6}$ の逆数は $\dfrac{6}{5}$ あるいは $1\dfrac{1}{5}$
>
> 7 の逆数は $\dfrac{1}{7}$

3・4 分数の掛け算

分数を掛け合わせるには，分子同士を掛け合わせ，分母同士を掛け合わせればよい．

> **例**
>
> $$\dfrac{3}{4} \times \dfrac{5}{6} = \dfrac{3 \times 5}{4 \times 6} = \dfrac{15}{24} = \dfrac{5}{8}$$

3・5 分数の割り算

分数を別の分数で割るには，割るほうの分数の分子と分母を取り替えて（逆数をとり），二つの分数の掛け算を行う．

> **例**
>
> $$\dfrac{3}{4} \div \dfrac{5}{6} = \dfrac{3}{4} \times \dfrac{6}{5} = \dfrac{3 \times 6}{4 \times 5} = \dfrac{18}{20} = \dfrac{9}{10}$$

3・6 分数の足し算

足し合わせる分数の分母が同じならば，つまり**共通分母**（公分母ともいう）があれば，分子を足し合わせればよい．

> **例**
>
> $$\dfrac{3}{7} + \dfrac{2}{7} = \dfrac{3+2}{7} = \dfrac{5}{7}$$

共通分母がない場合の最も簡単な方法は，最小の共通分母である**最小公分母**

をもつように分数を変換した後で，分子を足し合わすことである．

最小公分母とは，すべての分母を因数とする数の中で最小のものである．

> **例**
>
> $$\frac{2}{3}+\frac{4}{5}$$
>
> 二つの分数の分母 3 と 5 を共通の因数とする数の中で最小のものは 15 である．
>
> 2/3 を分母が 15 になるように変換するには，分子と分母に 5 を掛ければよい．
>
> 4/5 を分母が 15 になるように変換するには，分子と分母に 3 を掛ければよい．
>
> $$\frac{2\times 5}{3\times 5}+\frac{4\times 3}{5\times 3}=\frac{10}{15}+\frac{12}{15}=\frac{10+12}{15}=\frac{22}{15}=1\frac{7}{15}$$

3・7 分数の引き算

やりかたは分数の足し算の場合と同様である．

> **例**
>
> $$\frac{3}{7}-\frac{2}{7}=\frac{3-2}{7}=\frac{1}{7}$$

共通分母がない場合は，それぞれの分数が最小公分母をもつように変換した上で，分子の引き算を行う．

3・8 分数を小数に変えるには

分数を**小数**に変えるには，分子を分母で割ればよい．

> **例**
>
> $$\frac{1}{2}=1\div 2=0.5$$

自己診断テスト

答は巻末参照.

問 3・1　$\dfrac{5}{6}$ の 72 倍を計算しなさい.

問 3・2　$\dfrac{20}{24}$ を約分しなさい.

問 3・3　$\dfrac{24}{28}$ の逆数を示しなさい.

問 3・4　$\dfrac{2}{5}$ に $\dfrac{9}{10}$ を掛けなさい.

問 3・5　$\dfrac{2}{5}$ を $\dfrac{9}{10}$ で割りなさい.

問 3・6　$\dfrac{6}{7}$ に $\dfrac{9}{14}$ を加えなさい.

問 3・7　$1\dfrac{3}{8}$ から $\dfrac{7}{12}$ を引きなさい.

問 3・8　$1\dfrac{5}{8}$ を小数に直しなさい.

4 パーセント（百分率）

パーセント（百分率）は分数を表現する別の方法であり，視覚的にわかりやすい．

4・1 パーセント

1パーセントとは100分の1のことである．

15％は $\dfrac{15}{100}$ と同じ

したがって，ある数の15％を計算することは，その数の15/100を計算することと同じである．

$0.15 = 15 \div 100$ だから，そのことはまた，その数に0.15を掛けることと同じである．

> **例**
>
> $$480 \text{ の } 15\% = \left(\dfrac{15}{100}\right) \times 480 = 72$$
>
> また，
>
> $$480 \text{ の } 15\% = 0.15 \times 480 = 72$$

4・2 小数をパーセントに変換するには

小数をパーセントに変換するには，100を掛ければよい．

> **例**
>
> $$0.05 = (100 \times 0.05)\% = 5\%$$

4・3 小数を用いてパーセントを計算するには

パーセント増加率あるいは減少率を計算するには，パーセントを小数に変換

する.

> **例**
>
> コムギ (*Triticum aestivum*) の茎は高さ 625 mm であった. 1 週間で 12 % 成長する.
> 12 % の増加とは, 112 % になることであり, ある数に 112 % を掛けるということは, 1.12 を掛けることと同じである.
> $$625 \text{ の } 112\% = 1.12 \times 625 = 700$$
> したがって, 1 週間後には茎は 700 mm に成長する.

ある数が増加する(あるいは減少する)とき,増加分(あるいは減少分)をもとの数のパーセントとして計算することができる.

増加分を分子,もとの数を分母として,その比を小数として求め,これに 100 を掛けるとパーセントが得られる.

> **例**
>
> 乳児の体重が 1.3 kg から 1.56 kg に増加した.
> したがって 0.26 kg, つまり最初の体重の $\dfrac{0.26}{1.30}$ 増加したことになる.
> $$\frac{0.26}{1.30} \times 100 = 20\%$$
> その乳児の体重は 20 % 増加したことになる.

4・4　パーセントを使ってデータを表にする

データを評価し,比較する尺度を与えるために,データを**表にする**ときにパーセントを使う.

> **例**
>
> 10 匹のマウスの体長と尾長のデータを比較するために表を使う.
> 次ページの表に示すように,パーセントを表にすることで,傾向が明らかになる.すなわち,マウスのこのグループでは体長の大きなマウスほど相対的に大きな尾長をもつ.

マウスの体長と尾長を比較する表

体長（mm）	尾長（mm）	$\dfrac{尾長}{体長}$（%）
92	31	34
97	32	33
96	35	36
99	36	36
100	40	40
111	43	39
109	44	40
115	49	43
120	49	41
122	52	43

頻度（ある事象の起こる回数．度数ともいう）を表にして，それらをパーセントで比較することもできる．

例

心臓移植を受けた80人の患者の年齢を比較してみたい．

心臓移植を受けた80人の患者の年齢を比較する表

年齢	頻度	パーセント
0〜9	2	2.5
10〜19	5	6.25
20〜29	6	7.5
30〜39	14	17.5
40〜49	21	26.25
50〜59	20	25
≥60	12	15
計	80	100

最初の列は10歳刻みの年齢層である．
≥記号は「それよりも大きいかあるいは等しい」という意味なので，この場合は「60歳以上（60歳か，それよりも年長）」ということになる．

2番目の列は頻度，つまりそれぞれの年齢層の患者数である．

最後の列は，それぞれの年齢層の患者のパーセントである．たとえば，30～39歳年齢層の患者は14人なので，80人の患者全体の中でのパーセントは，

$$\frac{14}{80} \times 100 = 17.5\ \%$$

しかしパーセントを解釈する際には注意しなければならない．

4個しかないサンプル中での50％と，400個のサンプル中での50％とでは意味合いが異なる．

したがって，パーセントは実際のデータに取って代わるものではなく，データを解釈する際の補助的な手段として用いるべきである．

自己診断テスト

答は巻末参照．

問4・1 375 gの土壌サンプルを乾燥させたら，質量は40％減少した．サンプル中の水の質量はどれだけあったか．

問4・2 ある患者の喘息発作中，ピークフロー値（はく息（呼気）の速さ）は1分間400リットルだった．処置した20分後，彼のピークフロー値は1分間560リットルに増加した．これは，何パーセントの増加か．

問4・3 林地で1平方メートル当たりの落葉層の平均質量が900 gであった．1カ月後，質量は18％減少していた．どれだけの質量になったのか．

問4・4 37℃の細胞培養液100 mlで，接種（微生物を培地に植えつける）直後の大腸菌の濃度がml当たり2400万個（細胞数）であった．3時間後，細胞濃度がml当たり9億1200万個に増加した．何パーセントの増加であったか．

5 べき（累乗）

べき（累乗ともいう）は生命科学や医科学において，非常に大きな数や非常に小さな数を表現したり，指数関数やその他の関係を表現したり，あるいは計算や統計解析にそれらを使ったりする際に使われる．

5・1 指　数

ある数のべき（累乗）は，**指数**と同じものである．

$$3^2 \text{ は「3の2乗」}$$
$$3^3 \text{ は「3の3乗」}$$
$$3 \times 3 \times 3 \times 3 \text{ は } 3^4, \text{ つまり「3の4乗」}$$

ある数のべきは，その**対数**でもある．このことは 16 章で詳しく説明する．

5・2 10 の累乗

非常に大きな数や非常に小さな数を表現するのに，**10 の累乗**を使う．

10 の累乗の表

10 の累乗	読み方	計算の仕方	普通の表現
10^4	10 の 4 乗	$10 \times 10 \times 10 \times 10$	10 000
10^3	10 の 3 乗	$10 \times 10 \times 10$	1 000
10^2	10 の 2 乗	10×10	100
10^1	10 の 1 乗	10	10
10^0	10 のゼロ乗	$\dfrac{10}{10}$	1
10^{-1}	10 のマイナス 1 乗	$\dfrac{1}{10}$	$\dfrac{1}{10}$（あるいは 0.1）
10^{-2}	10 のマイナス 2 乗	$\dfrac{1}{10 \times 10}$	$\dfrac{1}{100}$（あるいは 0.01）

他の大きな数を表現するのにも 10 の累乗を使う．

$$2\,380\,000 = 2.38 \times 1\,000\,000 = 2.38 \times 10^6$$

2 380 000 は**普通の表現法**である．

小数点の前の数字が1桁の 2.38×10^6 が，**標準の表現法**（以下，標準型と記す）である．

小数点が一つ左に移動すると，べきが一つ増える．

この例では，標準型にするために小数点を6桁左に移動させたので，べきが6になった．

小さな数も次のように標準型で表現できる．
$$0.0056 = 5.6 \times 0.001 = 5.6 \times 10^{-3}$$
ここでは小数点を右に1桁移動するたびにべきが1だけ減少する．

標準型にするために小数点を右に3桁移動させたので，10の-3乗になった．

5・3 累乗の掛け算，割り算

累乗をもった数の掛け算は，べきを足せばよい．

> **例**
> $$3^3 \times 3^2 = 3^{3+2} = 3^5 = 3 \times 3 \times 3 \times 3 \times 3 = 243$$
> $$10^4 \times 10^2 = 10^{4+2} = 10^6 = 10 \times 10 \times 10 \times 10 \times 10 \times 10 = 1\,000\,000$$

同じように累乗をもった数の割り算は，べきを引けばよい．

> **例**
> $$3^6 \div 3^2 = 3^{6-2} = 3^4 = 3 \times 3 \times 3 \times 3 = 81$$
> $$10^7 \div 10^3 = 10^{7-3} - 10^4 - 10 \times 10 \times 10 \times 10 = 10\,000$$

5・4 標準型の数の掛け算と割り算

標準型の数の掛け算や割り算を行うには，普通の数をまとめ，10の累乗を別にまとめる．

> **例**
> ある水のサンプルは，1リットル当たり2 200（2.2×10^3）の細菌を含む．36 000（3.6×10^4）リットルの水に何個の細菌が含まれるかを計算するには，3.6×10^4 に 2.2×10^3 を掛け合わせればよい．
>
> 普通の数をまとめ（3.6×2.2），累乗を別にまとめて（$10^4 \times 10^3$），次のようになる．

$$(3.6\times 2.2)(10^4\times 10^3) = 7.92\times 10^{4+3} = 7.92\times 10^7$$

ここで，$(3.6\times 2.2)(10^4\times 10^3)$ は $(3.6\times 2.2)\times (10^4\times 10^3)$ のことである．

したがって，36 000 リットルの水には，7.92×10^7 個の細菌が含まれることになる．

5・5 標準型の数の足し算と引き算

標準型の数の足し算や引き算を行うときに，べきが同じならば，
- 二つの数は足したり，引いたりでき，
- べきはそのままである．

> **例**
>
> 二つの組織標本の質量がそれぞれ 2.3×10^{-3} kg および 5.6×10^{-3} kg であった．
> 全質量は，
> $$(2.3+5.6)\times 10^{-3} = 7.9\times 10^{-3}\text{ kg}$$

もしもべきが違っていたら，べきが同じになるように一方を標準型から変換してから，数を足したり引いたりする．その後で標準型に変換できる．

> **例**
>
> 二つの海水のサンプルは，4.41×10^7 および 7.9×10^5 mm³ である．
> どちらのサンプルを標準型から変換しても結果は変わらない．
> 最初のサンプルを変換して，
> $$4.41\times 10^7 = 441\times 10^5$$
> 全体積は，
> $$(441+7.9)\times 10^5 = 448.9\times 10^5\text{ mm}^3$$
> これを標準型に戻すと，
> $$4.489\times 10^7\text{ mm}^3$$

自己診断テスト

答は巻末参照．

問 5・1 タマネギ（*Allium cepa*）の葉の表皮細胞の長さは，0.00045 m であ

る．これを標準型で表しなさい．

問 5・2 ヒトのゲノム DNA は，およそ 3×10^9 塩基対から成っている．これを普通の数で表しなさい．

問 5・3 ある農村地帯で 1 平方キロメートル当たりの平均人口が 150 人と推定されている．40 km 四方の区画での人口を標準型で求めなさい．

6　近似と誤差

時には数を**近似**したり，それに**精度**をもたせることが必要になる．

6・1　近　似

数を近似する一つの方法は，一番近い整数（小数点以下を**四捨五入**）を用いることである．

32.543716 は，32 よりも 33 に近いから，この数に最も近い整数は 33 である．

近似の精度を与える別の方法は，**小数位**（小数点以下の桁数）を用いることである．

32.543716 は，小数位 2 桁では 32.54，小数位 4 桁では 32.5437 である．

近似の精度を与える 3 番目の方法は，**有効数字**を与えることであるが，これは位取りのための 0 を除いた数字のことである．

32.543716 は，有効数字 4 桁では 32.54 である．

> **例**
>
> 28 365 は，有効数字 2 桁では 28 000 である．

6・2　有効数字とゼロの扱い

数の中にゼロがある場合，ゼロも有効数字とみなされる．

> **例**
>
> 10.54 は有効数字 4 桁である．

整数で最後の数字がゼロの場合，ゼロは有効数字とみなされない．最後にゼロが並んでいる場合も，それらのゼロは有効数字とみなされない．

> **例**
>
> 6 754 000 は有効数字 4 桁である．

小数の前のゼロも有効数字とみなされない．

> **例**
>
> 0.0004832 は有効数字 4 桁である．

しかし，小数の後のゼロは有効数字とみなされる．

> **例**
>
> 0.8760 は有効数字 4 桁である．

6・3 概 数（まるめ）

　数を近似するときに，有効数字の最後の桁の次が 5 よりも小さければ，最後の有効数字はそのままである，つまりそれ以下の桁は切り捨てられる．

> **例**
>
> 6 340 は有効数字 2 桁では 6 300 である．

　有効数字の最後の桁の次が 5 よりも大きければ，最後の有効数字は 1 だけ増える，つまりそれ以下の桁は切り上げられる．

> **例**
>
> 6 360 は有効数字 2 桁では 6 400 である．

　有効数字の最後の桁の次がちょうど 5 ならば，最後の有効数字は 1 だけ増える，つまりそれ以下の桁は切り上げられる．

> **例**
>
> 6 350 は有効数字 2 桁では 6 400 である．

6・4 有効桁数の選び方

　2 回あるいはそれ以上の測定がなされた場合，結果の精度は最も精度の低い測定値で決まる．
　有効桁数を選ぶ場合，最も精度の低い測定値と同じ有効桁数にする．

有効数字を調整する必要があるときは，いつも計算し終わってからにする．

> **例**
>
> ある動物が 8.5 秒で 47.81 メートル走ったことが測定された．その速度が知りたい．
>
> 距離の有効数字は 4 桁なのに対して，時間の有効数字は 2 桁なので，最も精度の低い値は，時間である．したがって，速度の有効数字も 2 桁しかない．
>
> $$\frac{47.81}{8.5} = 5.6247 = 5.6 \text{ m s}^{-1} \text{（有効数字 2 桁で）}$$
>
> "秒速何メートル"は，m s^{-1} あるいは m/s で表される．

6・5 誤　差

近似を使う場合には，計算は**誤差**を伴うことになる．

植物の高さが 4 m と与えられているとすると，小数点がないので測定の精度はこれに一番近いメートルの単位である．誤差は ±0.5 m，つまり実際の高さは 3.5 m から 4.5 m（よりも低い値，ちょうど 4.5 m だと四捨五入で 5 m になるから）の間のどこでも構わないことになる．

植物の高さが 4.29 m と与えられているとすると，誤差は ±0.005 m で，実際の高さは 4.285 m と 4.295 m（よりも少し小さい値）の間である．

6・6 精度と正確さ

測定値に多くの有効数字を与えるならば，その測定器の精度が高いといえるが，正しく測定されなければ，正確ではない．

> **例**
>
> ある pH メーターは，3 桁の精度で pH を測ることができる．しかし設定（実験に先立って測定器の狂いを，基準値を用いて正すこと）が正しく行われなければ，正確な値を得ることはできない．

自己診断テスト

答は巻末参照.

問 6・1 ある子供の身長が 1.050 m であった.この数字の有効桁数はいくらか.

問 6・2 58.44 g の NaCl が,0.137 m^3 の水に溶けている.電卓を用いて濃度を計算し,適切な有効桁数で答を書きなさい.

問 6・3 ニワトリの卵の重さが 56 g と与えられている.実際の重さは,どの範囲か.

7 グラフ入門

データを示す方法の一つが表である．しかし，各データをグラフ上にプロットしたほうが理解や解釈がしやすい場合が多い．

グラフはまた二つの変数の相関を知るのにも役立つ．

7・1 x 軸と y 軸

二つの変数を比べるのに，x 軸と y 軸をもった二次元のグラフを用いる．水平の軸が x 軸で，垂直の軸が y 軸である．

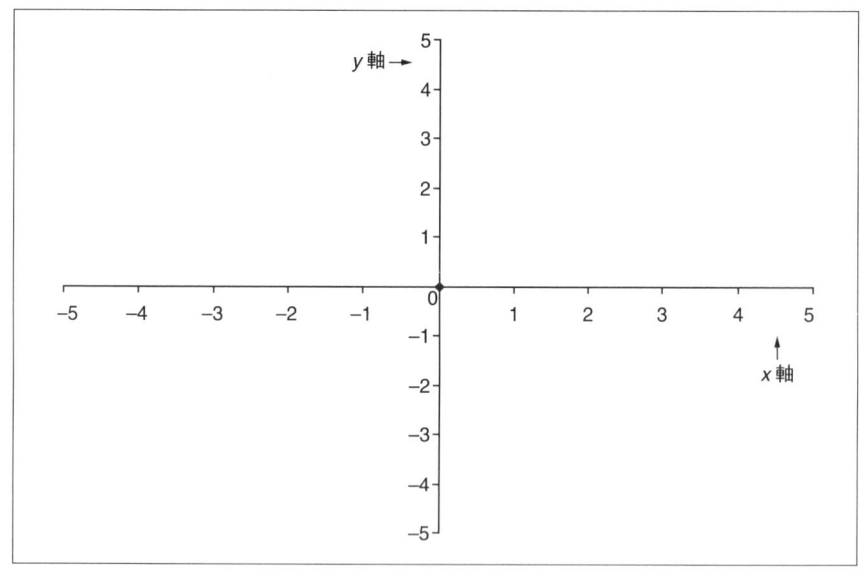

グラフの軸

研究者が制御する変数は，通常 x 軸上にプロットされる．これは他の変数に依存せず，研究者によって決められるものだから，われわれはこれを**独立変数**という．

従属変数は y 軸上にプロットされる．これは x 値が与えられると決まる，あるいは予測される変数である．

> **例**
>
> 反応をある時間測定するとき，研究者はどの時間に反応を測定するか決めることができるので，時間を x 軸にとってプロットする．

7・2 グラフ上に値をプロットする

下の表の値をプロットしたいとする．

x 値と y 値の表

x の値	0	2	4	6
y の値	1	3	5	7

まず，x 軸と y 軸を適切なスケールで描くことが必要である．この例の場合，x 軸と y 軸は 0 から 8 までの範囲で描くことにする（次ページの図参照）．

それから，値をプロットする．

たとえば，$x=0$, $y=1$ という最初の組については，まず x 軸上の 0 の点から y 軸上に垂直に 1 の点まで移動して，そこに点を描く．

コンピューターのソフトウェアや，本や学術誌などでは点を用いるが，手でグラフを描く場合には×印を用いるほうが，点よりも正確な位置がはっきりしてよいだろう．

7・3 座 標

グラフ上の点は**座標**を用いて定義することができる．

座標は，

$$(x 値, y 値)$$

のように表される．

したがって次ページのグラフの点は，

$$(0, 1) \ (2, 3) \ (4, 5) \ (6, 7)$$

となる．

座標 $(0, 0)$ はグラフの**原点**と呼ばれる．

7・4 正 比 例

変数は次の場合に**正比例**しているという．

- 一つの変数が 0 のとき，別の変数も 0 である．

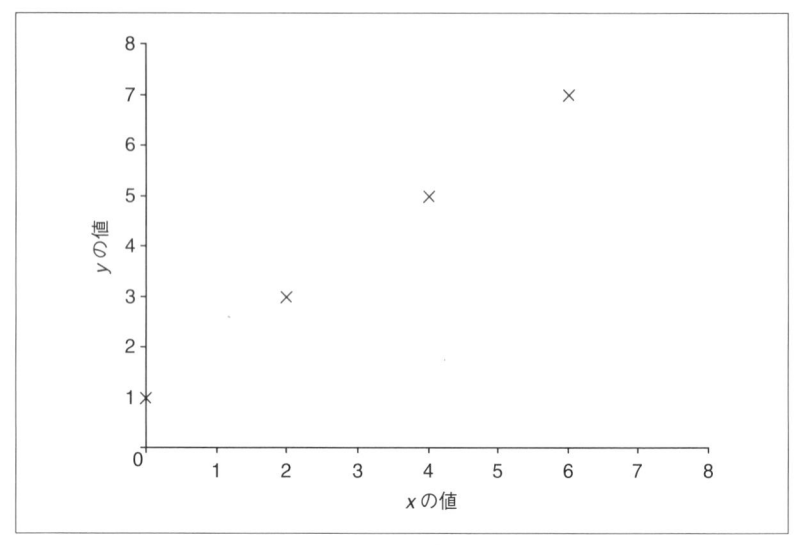

x値とy値のプロット

- 一つの変数が変化するとき，別の変数も同じ割合で変化する．

> **例**
>
> 水のサンプル中のプランクトンの数は，水サンプルの体積に正比例する．水の体積が2倍になれば，プランクトンの数も2倍になる．水がなければ，プランクトンもいない．

正比例を表すのに，∝記号を用いる．$x \propto y$は変数xの値が変数yの値に正比例することを表している．

このことは，グラフのかたちで示すことができる．

> **例**
>
> 次ページの線形（直線）グラフは，海水サンプル中のプランクトンの数がサンプルの体積とどのような関係になっているかを示す．

原点を通る線形（直線）グラフは，次の方程式で表すことができる．

$$y = mx$$

ここでmがグラフの傾き（勾配）である．

7. グラフ入門　27

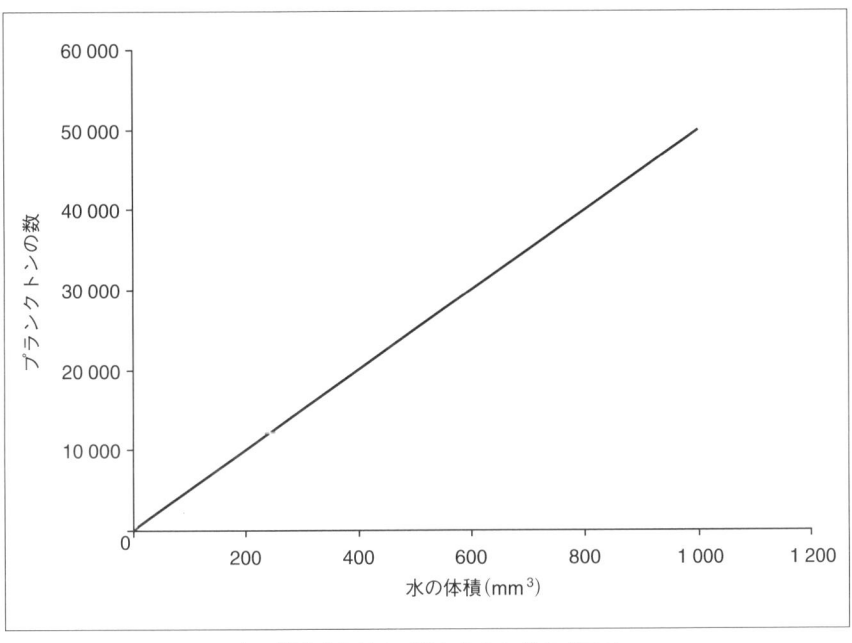

水の体積当たりのプランクトン数のグラフ

　二つの変数が正比例の関係にある場合，二つの変数の値がわかれば，グラフの傾きを計算することができる．
　一つの変数と傾きがわかれば，もう一つの変数の値が計算できる．

自己診断テスト

答は巻末参照．
　問 7・1　迷路学習実験を行い，実験回数と迷路でネズミが間違った回数の関係を表にした．
　これらの値をグラフ上でプロットしなさい．

迷路でネズミが間違った回数

実験回数	1	2	3	4	5	6
間違いの回数	31	18	15	6	7	3

8 グラフの傾き

グラフの傾きがグラフの勾配の程度を表す.

8・1 直線の傾き

グラフの傾きを計算するには,描かれたグラフの一部をとって,y軸に沿って移動した量をx軸に沿って移動した量で割ればよい.

したがって,**傾き(勾配)**は $\dfrac{y の変化}{x の変化}$ となる.

例

このグラフではy軸に沿って2単位増えると,x軸に沿って1単位増える.

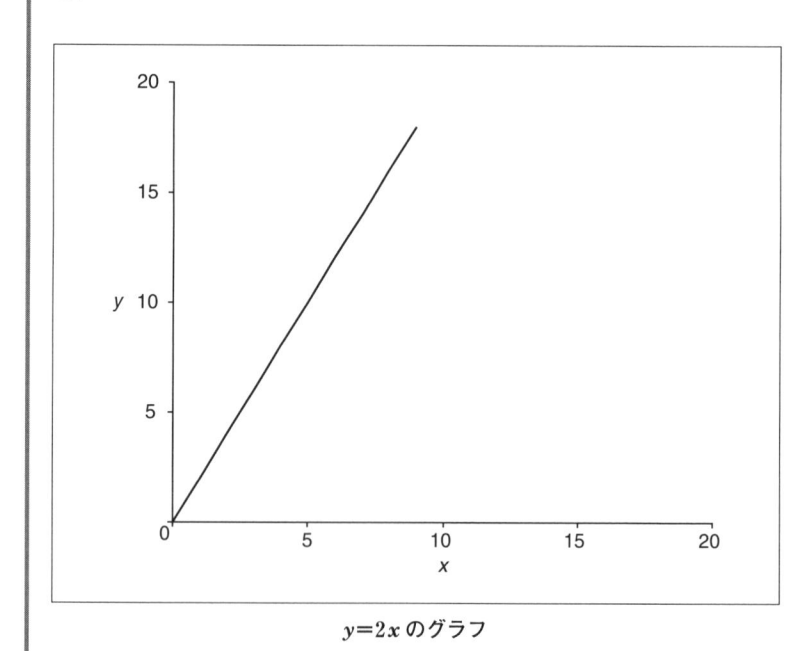

$y=2x$ のグラフ

$\dfrac{y の変化}{x の変化}$ は 2/1 つまり 2 になり，グラフの方程式は $y=2x$ である．

グラフが急勾配なほど，傾きの値は大きくなる．

下のグラフは $y=x/3$ のグラフを前のグラフと同じスケールで描いたものである．

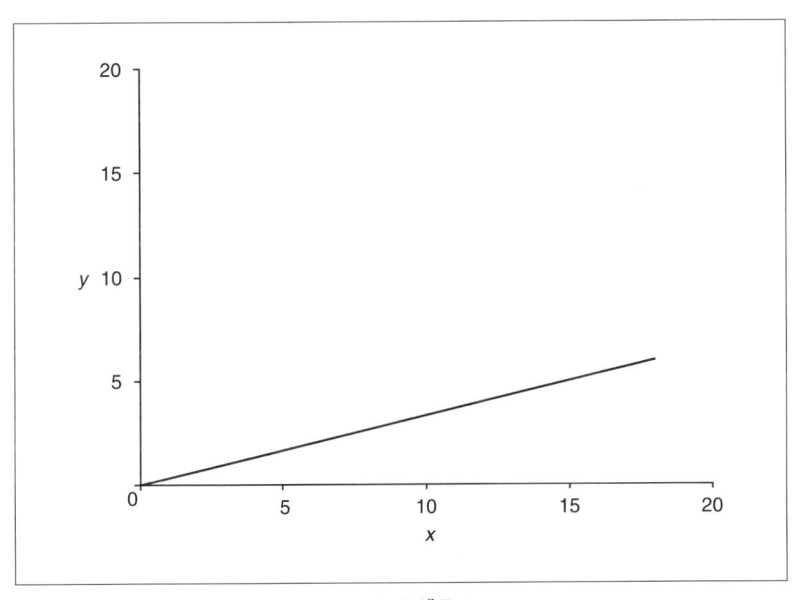

$y=x/3$ のグラフ

傾きは小数で与えることもできる．このグラフの傾きは，有効数字 4 桁で 0.3333 である．

8・2 傾きを与える式

傾きを与える式，

$$\dfrac{y の変化}{x の変化}$$

は，

$$\dfrac{y_2-y_1}{x_2-x_1}$$

である．

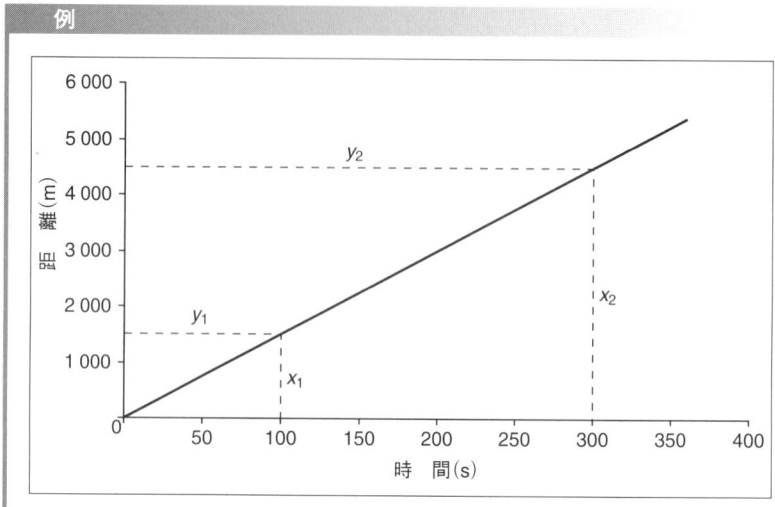

> **例**
>
>
>
> 一定の速度で走行する車のグラフ
>
> このグラフは時間当たりの車の走行距離を示す．100秒から300秒の間で，車の走行距離は1500 mから4500 mに増えた．
>
> $$傾き = \frac{y_2 - y_1}{x_2 - x_1} = \frac{4500 - 1500}{300 - 100} = \frac{300}{200} \text{ m s}^{-1}$$
>
> したがって，直線の傾きは15であり，車の速度は15 m s^{-1}である．
> グラフの方程式は，
>
> $$y = 15x$$

8・3 傾きを表す記号

直線グラフの傾きは，定数 m で表す．

$$傾き = \frac{y の変化}{x の変化} = m$$

m は x に対する y の**変化の割合**である．

8・4 負の傾き

次ページの上のグラフでは，x軸に沿って1単位増えるに従って，y軸に沿って2単位減少する．

$y=-2x$ のグラフ

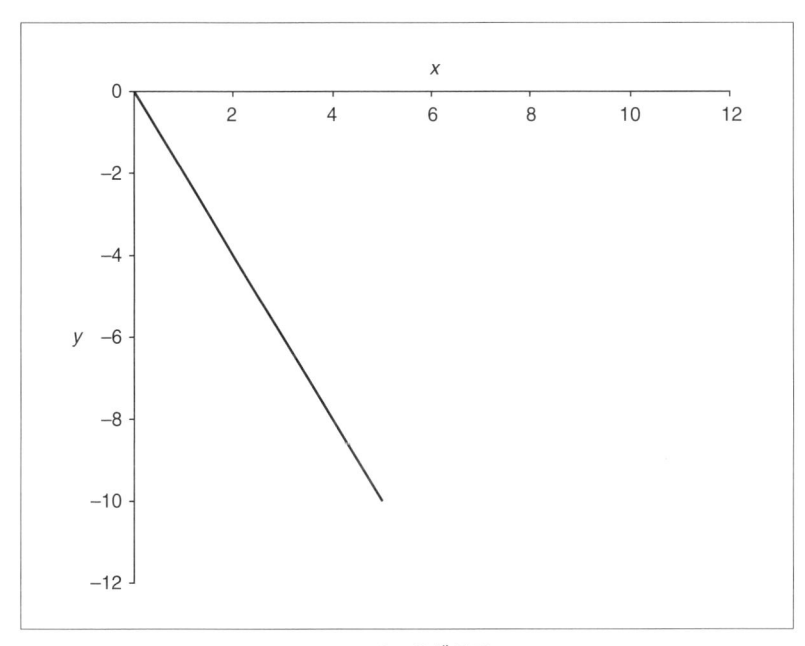

傾きは$-2/1$つまり-2になり，グラフの方程式は，
$$y=-2x$$
したがって，右上がりのグラフは正の傾きをもち，

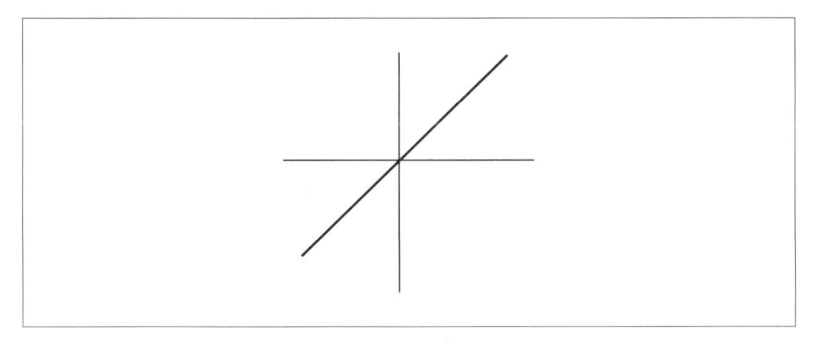

正の傾きのグラフ

右下がりのグラフは負の傾きをもつ．

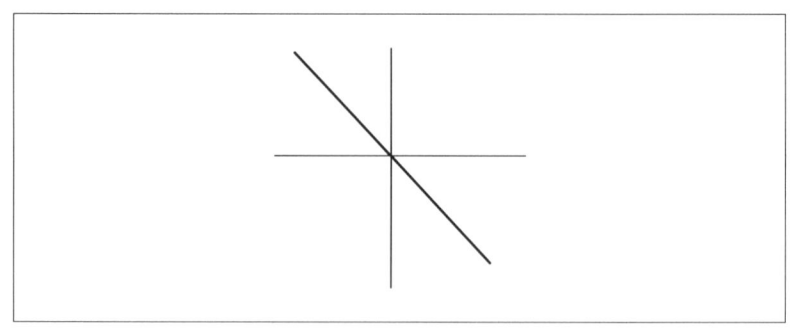

負の傾きのグラフ

8・5 原点を通らないグラフ

次のグラフは，原点つまり (0, 0) の座標を通らない．

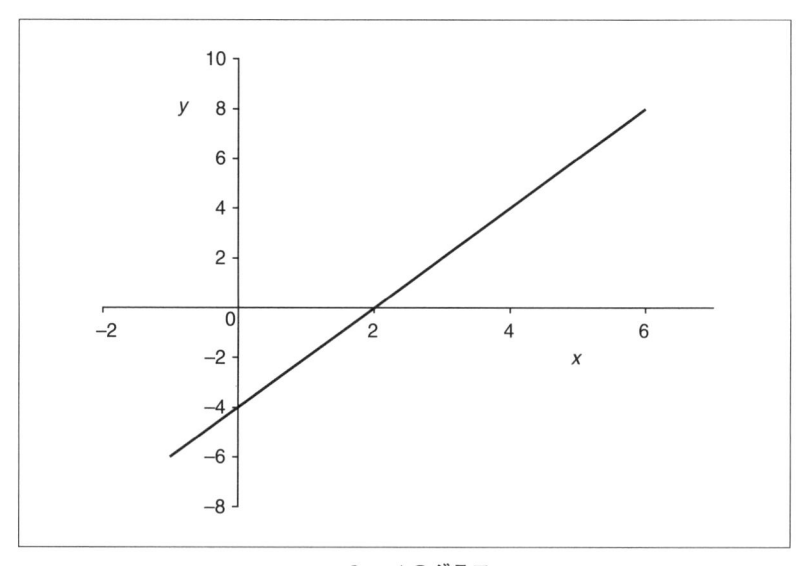

$y=2x-4$ のグラフ

原点を通らないグラフの方程式は，$y=mx+c$，ここで m は以前と同じく傾き，c は直線が y 軸と交わる点（$x=0$ のとき $y=c$）である．この点は "y 切片" と呼ばれる．

この場合，傾きは 2 であり，直線は -4 のところで y 軸と交わるので，この

直線の方程式は $y=2x-4$ である.

8・6 一次方程式

$y=mx+c$ は直線グラフを表すので，線形方程式（**一次方程式**）と呼ばれる．つまり二つの変数，x と y の間に直線的な関係がある．

自己診断テスト

答は巻末参照．

問 8・1 次のグラフは 50 分間の自転車の走行距離を示している．自転車の速度を時間当たりのキロメートル単位で計算しなさい．

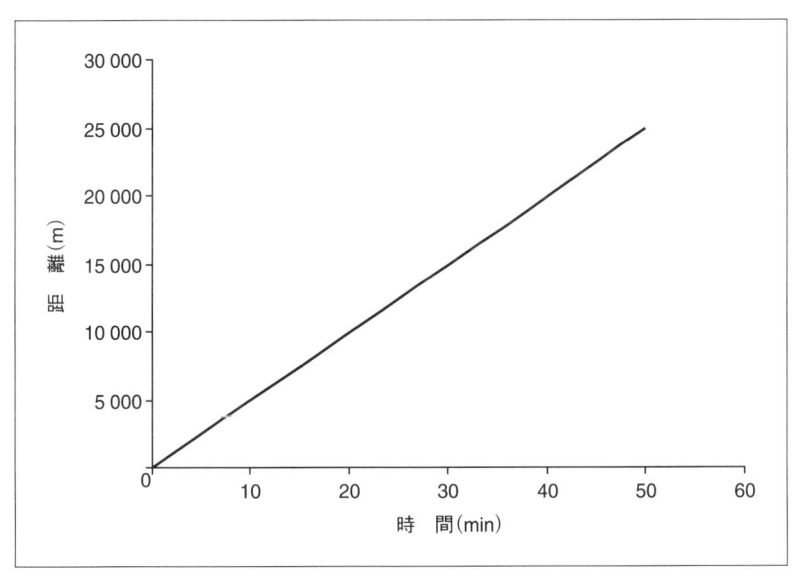

時間当たりの自転車の走行距離のグラフ

問 8・2 ある女の乳児の生まれたときの身長が 500 mm だった．彼女は 1 週間当たり 10 mm の割合で成長した．この関係を方程式で表し，最初の 6 週間の彼女の成長の様子をグラフに描きなさい．

問 8・3 セイヨウイチイ（*Taxus baccata*）の苗木が植えられた．1 年後の高さが 200 mm であった．それから 2 年後（植えてから 3 年後）は 400 mm であった．成長速度が一定であると仮定して，この木の成長を方程式で表し，植えられたときの高さを計算しなさい．

9 代　数

　代数は数を表すのに記号を用いる数学の一分野である．これを用いることによって量の間の関係を調べることができる．

　生命科学や医科学で現れる多くの方程式や各種の式を扱うために，代数に習熟する必要がある．

9・1 記号を用いる

　算数では，2，5，7，9，10 などのように，数は決まった値をもっている．

　代数では，a，b，c，x，y，z などはどんな値にも対応する．

　たとえば，"x" という記号を値のわからない変数を表すのに使うことができる．a，b，c やそのほかのどんな文字でも記号として同じように使うことができる．

9・2 表現の簡単化

　代数の項を集めることによって，式の表現を簡単化（**簡約**という）できる．

> **例**
>
> 　$4a+3a$ は $7a$ というふうに簡約できる．
> 　$4a+6b+3a+b$ は $7a+7b$ と簡約できる．この式は，さらに $7(a+b)$ と簡約できる．

　同じ累乗はまとめることができる．

> **例**
>
> 　$2a^2$ は a^2+a^2 と同じである．
> 　$3a^2$ は $a^2+a^2+a^2$ と同じである．
> 　したがって，$3a^2$ と $2a^2$ の和は，$a^2+a^2+a^2+a^2+a^2$ と同じであり，$5a^2$ と簡約できる．
> 　$4a^4$ と $5a^4$ の和は，$9a^4$ と簡約できる．

　異なる累乗は一緒にできない．

> **例**
>
> $2a^2$ は a^2+a^2 と同じである.
> $3a^4$ は $a^4+a^4+a^4$ と同じである.
> したがって,$3a^4$ と $2a^2$ の和は,$a^4+a^4+a^4+a^2+a^2$ であるが,簡約はできず,$3a^4+2a^2$ と書くしかない.

異なる累乗は別々に集める.便宜的に大きなべきから先に書く.

> **例**
>
> $$3a^2+6a^4+2a^2+a$$
> を簡約すると
> $$6a^4+(3+2)a^2+a$$
> これはさらに簡約して
> $$6a^4+5a^2+a$$

9・3 式の因数

2・1節で,数の因数とは余りなくそれを割り切ることのできるすべての数であることを学んだ.

代数式でも因数がある.

> **例**
>
> $30ab^2$ の因数は,2, 3, 5, a, b などを含む.
> $$30ab^2 = 2\times3\times5\times a\times b\times b$$
> 別の表し方もある.たとえば,
> $$30ab^2 = 6(5ab^2)$$
> $$30ab^2 = 3b(10ab)$$

9・4 分数の約分

約分は分数を簡約するもう一つの方法である.

共通因数は,二つかそれ以上の数に共通の因数のことである.代数の分数を約分するには,分子と分母に共通の因数を探して,約分する.

> **例**
>
> $\dfrac{a^4b^2}{a^3c}$ は分子と分母の a^3 を約分して簡約できる．
>
> $$\dfrac{a^4b^2}{a^3c}=\dfrac{ab^2}{c}$$
>
> もしも心配ならば，下のように累乗をしっかりと書き下してやることもできる．
>
> $$\dfrac{a^4b^2}{a^3c}=\dfrac{\cancel{a}\times\cancel{a}\times\cancel{a}\times a\times b\times b}{\cancel{a}\times\cancel{a}\times\cancel{a}\times c}=\dfrac{ab^2}{c}$$

9・5 式の約分

式の約分も変数の約分と同じようにできる．

> **例**
>
> $\dfrac{d^2(ab+c)^5}{e(ab+c)^3}$ は分子と分母から $(ab+c)^3$ を約分して簡約できる．
>
> $$\dfrac{d^2(ab+c)^5}{e(ab+c)^3}=\dfrac{d^2(ab+c)^2\cancel{(ab+c)^3}}{e\cancel{(ab+c)^3}}=\dfrac{d^2(ab+c)^2}{e}$$

9・6 約分できないとき

分子と分母で共通因数が見つからないときは，約分はできない．

> **例**
>
> $\dfrac{a^4b^2+d}{a^3c}$ は，分子の a^4b^2+d と分母の a^3c との間に共通因数がないので，約分で簡約することはできない．

9・7 式の展開

括弧つきの式は**展開**できる．

> **例**
>
> $3(4a+2b)$ を展開すると，$12a+6b$ となる．

展開するときには，括弧内のすべてを，括弧外のすべてと掛け合わせる．

9・8 最大公因数

代数式の**因数分解**は，展開の逆である．これを行うためには，共通因数をくくり出して，残りを括弧でまとめる．

代数式を因数分解するには，それぞれの項に共通の因数の中で最大のもの，つまり**最大公因数**をくくりだす．

> **例**
>
> $12a$ と $6b$ を因数分解したいとする．
> $12a$ と $6b$ を因数に分けると，最大公因数は 6 であることがわかる．
> 6 をくくり出して，残りを括弧内にまとめると，
> $$6(2a+b)$$
> このように $12a$ と $6b$ を因数分解すると，$6(2a+b)$ になる．

9・9 二乗の差

二乗の差があるときには，因数分解できる．

> **例**
>
> $$a^2 - b^2 = (a-b)(a+b)$$
> （逆に計算すると $(a-b)(a+b) = a^2 - b^2 + ab - ab = a^2 - b^2$ となる）

しかし，二乗の和は因数分解できない．

> **例**
>
> $a^2 + b^2$ は因数分解できない．

自己診断テスト

答は巻末参照.

問 9・1 $15a^5 + 12a^5 + 2a^3 + 4a^2 + a^2 + 7a$ を簡約しなさい.

問 9・2 $\dfrac{a^2 b}{a^3} \times \dfrac{a^4 b^2}{b^3}$ を簡約しなさい.

問 9・3 $\dfrac{a^3 b^3 (c+2d)^4}{a^2 b^4 (c+2d)}$ を約分して,簡約しなさい.

問 9・4 下の分数式のうちで,約分によって簡約できるものはどれか.

1) $\dfrac{a^2 - b^4}{b}$

2) $\dfrac{c^4 d^2 + b^2 c^2 d^2}{c^2 + b^2}$

3) $\dfrac{e^3 d^2 - cf}{cf}$

問 9・5 $5a(2a - b^2)$ を展開しなさい.

問 9・6 $6a^3 b^2 + 9a^2 b^4$ を因数分解しなさい.

問 9・7 $a^2 - 4b^2$ を因数分解しなさい.

10 多項式

　科学では，直線グラフを表す方程式 $y=mx+c$ のように，ある関係が線形（一次式）になることがある．
　多項式は，変数の累乗を含む関係を表現するものであり，この場合は一般に線形（一次式）ではなくなる．

10・1 多項式の定義

多項式は，べきが正の整数（自然数）であるような変数の累乗を含む式である．

> **例**
> $5x^4+6a^2-4x+3$ は多項式である．

多項式の**次数**とは，最大のべきである．

> **例**
> $5x^4+6a^2-4x+3$ の次数は 4 である．

次数 0 の多項式は x^0 であり，これは 1 に等しい．

10・2 多項式の別の名前

　二項式は，二つの項を含む多項式である．
　三項式は，三つの項を含む多項式である．
　二次式は，次数 2 の多項式であり，最大のべきが 2 のものである．
　三次式は，次数 3 の多項式であり，最大のべきが 3 のものである．

> **例**
> $6a^2-4x+3$ は三つの項をもっているので，三項式である．また最大のべきが 2 なので，二次式である．

10・3 多項式の和と差

多項式を足したり，引いたりするには，それぞれの項に分けて，同じ累乗の項同士だけを足したり，引いたりする．

> **例**
>
> $4x^2+3x+6$ と $8x^3+2x+4$ を足し合わすには，同じ累乗の項を集めて足し合わす．
>
> $$\begin{array}{r} 4x^2+3x+6 \\ 8x^3++2x+4 \\ \hline 8x^3+4x^2+5x+10 \end{array}$$
>
> $4x^2+2x+1$ から x^3+6x^2-3 を引く場合にも，同じようにすることができる．
>
> $$\begin{array}{r} 4x^2+2x+1 \\ -(x^3)-(6x^2)+-(-3) \\ \hline -x^3-2x^2+2x+4 \end{array}$$

10・4 多項式の掛け算

多項式の掛け算をする場合には，最初の式のすべての項を，2番目の式のすべての項と掛け合わせなければならない．

> **例**
>
> 1次の多項式 $x+2$ と $x+3$ の掛け算は，$(x+2)(x+3)$ と書くことができる．
>
> 最初の式の x と 2 を 2 番目の式の x と 3 の両方に掛け合わせなければならない．
>
> $$(x+2)(x+3) = x(x+3)+2(x+3)$$
>
> これを展開すると，
>
> $x^2,\ 3x,\ 2x,\ $ それに 6
>
> が得られる．これらを足し合わせると，
>
> $$x^2+5x+6$$
>
> になる．
>
> 次に，x^5+3x^4+2 と $6x^2+3x-5$ を掛け合わせてみる．
>
> 最初の式の x^5 を 2 番目の式のすべての項と掛け合わせると，$6x^7,\ 3x^6,$

$-5x^5$, が得られる.

$3x^4$ を 2 番目の式のすべての項と掛け合わせると $18x^6$, $9x^5$, $-15x^4$ が得られる.

2 を 2 番目の式のすべての項と掛け合わせると $12x^2$, $6x$, -10 が得られる.

これらをすべて足し合わせて,

$$\begin{array}{r} 6x^7 + 3x^6 - 5x^5 \\ + 18x^6 + 9x^5 - 15x^4 \\ + 12x^2 + 6x - 10 \\ \hline 6x^7 + 21x^6 + 4x^5 - 15x^4 + 12x^2 + 6x - 10 \end{array}$$

10・5 多項式の因数分解

前の章で,共通因数をくくりだして残りを括弧内にまとめる,算術式の因数分解のやり方を説明した.

$4x^3 - 6x^2 + 2x - 3$ のような多項式を因数分解するということは,掛け算の逆を行うことであり,$(2x^2+1)(2x-3)$ のかたちに戻すことである.

まず共通因数を探す.これにはテクニックが少し必要だが,練習によって簡単に行えるようになる.

定数を記号 a で表すと,多くの多項式は次の表の左側のパターンのいずれかに当てはまる.

それぞれの多項式を右にたどって,どのように因数分解されるかを理解するとよい.

多項式の因数分解の仕方を示す表

	展開された多項式	↔	中間段階	↔	因数分解された多項式
1	$x^2 + 2xa + a^2$	↔	$(x+a)(x+a)$	↔	$(x+a)^2$
2	$x^2 - 2xa + a^2$	↔	$(x-a)(x-a)$	↔	$(x-a)^2$
3	$x^2 - a^2$	↔			$(x+a)(x-a)$
4	$x^3 + 3x^2a + 3xa^2 + a^3$	↔	$(x+a)(x+a)(x+a)$	↔	$(x+a)^3$
5	$x^3 - 3x^2a + 3xa^2 - a^3$	↔	$(x-a)(x-a)(x-a)$	↔	$(x-a)^3$

例

多項式

$$x^2+8x+16$$
を因数分解するには，
$$x^2+2(4x)+4^2$$
のかたちにしてみるとよい．この式は，表の最初の多項式，
$$x^2+2xa+a^2$$
で $a=4$ の場合に相当する．表の多項式は，
$$(x+a)^2$$
と因数分解できるので，
$$x^2+8x+16$$
は因数分解して，
$$(x+4)^2$$
となる．

$(x+4)(x+4)$ を展開して，このことを確かめることができる．

自己診断テスト

答は巻末参照．

問 10・1 次の多項式の次数はいくつか．
$$6a^5+5a^3+2a^2-12$$

問 10・2 $2x^5+7x^4+5x^3+4$ から $6x^4+9x^3-x^2+5$ を引きなさい．

問 10・3 $(4x^4-x^2+5)(2x^5+3x^2+6)$ を展開しなさい．

問 10・4 多項式 x^2-6x+9 を因数分解しなさい．

11 代数方程式

科学的な関係の多くは，代数方程式のかたちで一般化できる．子供の成長から植物の光合成速度に至るまで，あらゆることが代数方程式のかたちで表現できる．

11・1 方程式における左辺と右辺の釣合い

方程式の中の等号は，釣合いを表す．

右辺（等号の右側）か左辺（等号の左側）のいずれかに施された操作は，もう一方の辺にも同じように施されなければならない．したがって，もしも一方の辺に何かを加えたり，引いたり，掛けたり，割ったりする場合には，他方の辺にも同じようなことをしなければならない．

> **例**
>
> $$3x + 2 = 11$$
>
> 左辺と右辺から 2 を引いても，等式の釣合いは保たれる．
>
> $$3x + 2 - 2 = 11 - 2$$
>
> この等式は次のように簡単化される．
>
> $$3x = 9$$
>
> 次に両辺を 3 で割る．
>
> $$\frac{3x}{3} = \frac{9}{3}$$
>
> したがって，$x = 3$

11・2 異なる累乗を含んだ方程式の扱い

異なる累乗を含んだ方程式も扱うことができる．

> **例**
>
> 方程式 $ay^2 - b = x$ を y について解きたいとする．このことは，y が何に等しくなるかを知るために，方程式を操作したいということである．

> 両辺に b を加えると,
> $$ay^2 = x+b$$
> となる．両辺を a で割ると,
> $$y^2 = \frac{x+b}{a}$$
> さらに両辺の平方根をとることにより,
> $$y = \pm\sqrt{\frac{x+b}{a}}$$

自己診断テスト

答は巻末参照．

問 11・1 $3x^2 = 12$ を解きなさい．

問 11・2 方程式 $x = 4y^3 + 1$ を y について解きなさい．

12 二次方程式

科学上の関係は二次方程式で表されることがある．たとえば，集団遺伝学のハーディ-ワインベルク平衡を表す方程式は，二次方程式である．

12・1 二次方程式を解く

二次方程式は x^2 のような 2 次の累乗を含む式である．

この方程式の解は二つある．つまり x は二つの可能な値をもつ．

二次方程式は，次のようなかたちをもつ．
$$ax^2+bx+c=0$$
ここで a, b, c は定数である．

> **例**
>
> $x^2+2x-15=0$ は二次方程式の一例である．
>
> これを一般的な二次方程式 $ax^2+bx+c=0$ と比べてみよう．
>
> この例では，a は 1，b は 2，c は -15 である．
>
> 左辺を因数分解すると，
> $$(x-3)(x+5)=0$$
> なので，x が $+3$ でも -5 でもこの方程式は成り立つ．
>
> つまり，x の解は，$+3$ と -5 の二つである．

12・2 二次方程式を解く異なる方法

二次方程式を解くための 4 通りの方法を述べる．
- グラフ的方法
- 因数分解による方法
- 二次方程式の解の公式を用いる方法
- 式の二乗のかたちにする方法

12・3 グラフ的方法

二次方程式をグラフ上にプロットすれば，グラフが x 軸と交わる点が解である．

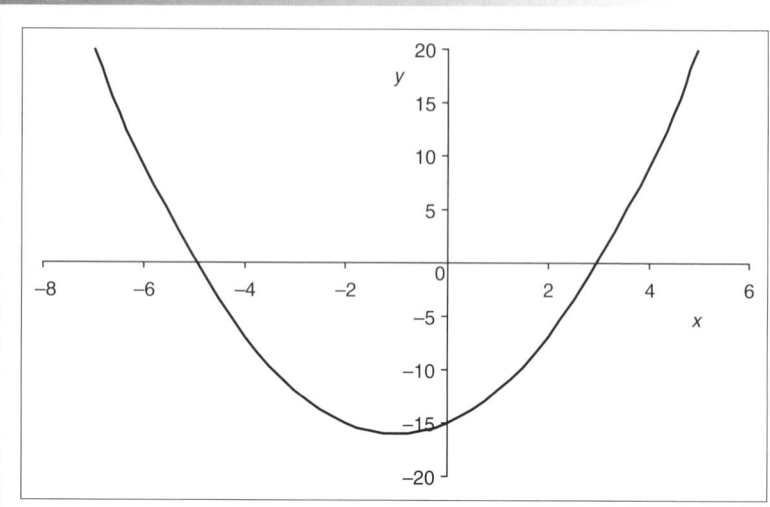

> **例**
>
> [グラフ: $y=x^2+2x-15$ のグラフ]
>
> $y=x^2+2x-15$ のグラフ
>
> $y=x^2+2x-15$ のこのグラフでは，グラフは+3と-5の点でx軸と交わる，つまり$y=0$のとき，$x=+3$と-5である．
>
> したがって，二次方程式 $x^2+2x-15=0$ の解は，+3と-5である．

12・4 因数分解による方法

二次方程式が因数分解（因数分解は展開の逆であり，9章で基本を勉強した）できるならば，それぞれの因数をゼロにすることによって解が求まる．

> **例**
>
> $$x^2+2x-15=0$$
>
> は因数分解すると，
>
> $$(x+5)(x-3)=0$$
>
> 括弧内の式のいずれかがゼロならば，この方程式は成り立つ．
>
> たとえば，
>
> $$0(x-3)=0 \text{ あるいは } (x+5)0=0$$
>
> 最初の表現では$x+5$がゼロということだから，xは-5に等しい．
> 2番目の表現では$x-3$がゼロということだから，xは+3に等しい．

したがって，$x=-5$ あるいは $x=3$ である．

12・5　二次方程式の解の公式を用いる方法

二次方程式
$$ax^2+bx+c=0$$
の解は，次のような**二次方程式の解の公式**で与えられる．
$$x=\frac{-b\pm\sqrt{b^2-4ac}}{2a}$$

与えられた二次方程式の定数の数字をこの公式に入れれば，x の二つの可能な値が得られる．

> **例**
>
> 二次方程式 $x^2+2x-15=0$ では，a は 1, b は 2, c は -15 だから，
> $$x=\frac{-b\pm\sqrt{b^2-4ac}}{2a}=\frac{-2\pm\sqrt{2^2-(4\times1\times(-15))}}{2\times1}$$
> $$=\frac{-2\pm\sqrt{4-(60)}}{2}=\frac{-2\pm\sqrt{64}}{2}=\frac{-2\pm8}{2}$$
> したがって，二つの解は次のように得られる．
> $$\frac{-2+8}{2}=3 \text{ および } \frac{-2-8}{2}=-5$$

12・6　式の二乗のかたちをつくる方法

式の二乗のかたちをつくって，その平方根を求めることによって解を得ることができる．

> **例**
>
> $$3x^2+24x-27=0$$
> を解くのに，x^2 と x の項だけを左辺に残し，定数を右辺に移す（両辺から 27 を引く）．
> $$3x^2+24x=27$$
> 両辺を x^2 の項の係数 3 で割る．
> $$\frac{3x^2}{3}+\frac{24x}{3}=\frac{27}{3}$$

したがって，
$$x^2+8x=9$$
x の係数の半分（この場合 8 の半分だから 4）の二乗（この場合 16）を両辺に加えると次のようになる．
$$x^2+8x+16=9+16$$
左辺は因数分解できて，
$$(x+4)^2=25$$
両辺の平方根をとると，
$$\sqrt{(x+4)^2}=\sqrt{25}$$
平方根は正の値でも，負の値でもよいので，右辺には±をつける必要がある．
$$x+4=\pm5$$
したがって方程式の解は，
$$x=+5-4=1 \ と \ x=-5-4=-9$$
となる．

自己診断テスト

答は巻末参照．

問 12・1 因数分解の方法で，次の方程式を解きなさい．
$$x^2+6x+8=0$$

問 12・2 二次方程式の解の公式を使って，次の方程式を解きなさい．
$$x^2+6x+8=0$$

問 12・3 式の二乗のかたちをつくる方法で次の方程式を解きなさい．
$$x^2+6x+8=0$$

13 連立方程式

　連立方程式は二つの関係が同時に成り立つ場合に使われる.
　生命科学や医科学の分野では, 二つの変数の間の関係が別の二つの変数の関係を直接反映することがある. たとえば, ある動物種の個体数の時間変化は, 食物連鎖を通じて他の動物種の個体数に影響を与えることがある. 二つの動物種の個体数の増減を同時に調べることによって, 2種の間の関係を知ることができる.
　数学的には連立方程式を解くことによってこのことが可能になる.

13・1　一つの解をもった二つの方程式

　二つの方程式がxの値一つ, yの値一つで解けるとき, **連立方程式**という.

> **例**
>
> $$x-y=5 \text{ と } x+2y=4$$
> は,
> $$x=2, \ y=-3$$
> ならば解ける.

13・2　連立方程式を解く三つの方法

　連立方程式を解く方法には, グラフによる方法, 代入による方法, 消去による方法の三つがある.

13・3　グラフによる解き方

　二つの方程式をグラフにプロットすれば, 二つが交わる点の座標が解となる.

> **例**
>
> 連立方程式
> $$x+3y=4 \text{ と } 6x-5y=1$$
> をグラフを用いて解くには, 二つの直線をグラフにプロットすることが必

要である．二つの直線が交わる点の座標が解である．

まずグラフにプロットするには，二つの方程式を $y=mx+c$ のかたちにしなければならない．

$x+3y=4$ は $y=-\dfrac{x}{3}+1.333$ と変形できる．

8章で学んだように，この場合は直線（灰色で示す）の傾きが $-1/3$ で，直線は y 軸と $+1.333$ の点で交わる．

$6x-5y=1$ は変形すると，
$$y=1.2x-0.2$$
となるので，この直線（黒色）の傾きは 1.2，y 軸とは -0.2 の点で交わる．

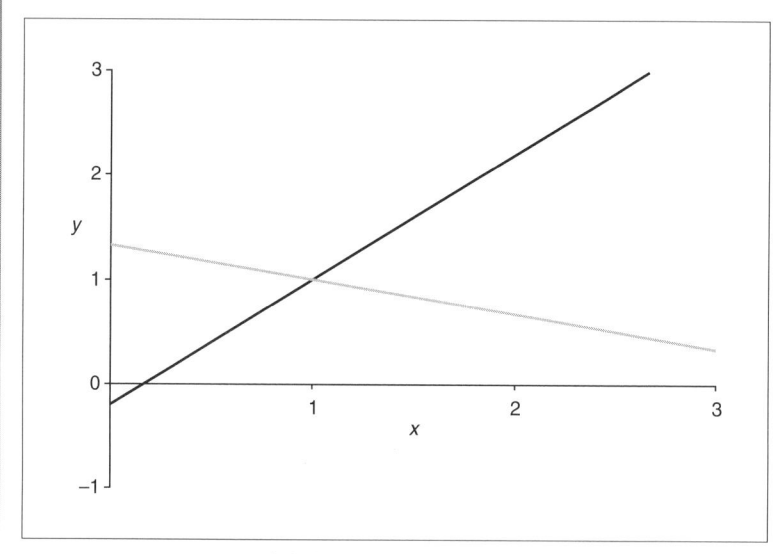

連立方程式の解を示すグラフ

二つの直線は，$(1, 1)$ の点，つまり $x=1$，$y=1$ の点で交わるので，解は $x=1$，$y=1$ となる．

13・4 代入による方法

代入による方法では，連立方程式の一方の方程式を変形して，x を y を含む式として表す．これをもう一方の式に代入して，解を求める．

> **例**
>
> 連立方程式
> $$x+3y=4 \text{ と } 6x-5y=1$$
> を代入による方法で解くには,まず最初の式の両辺から $3y$ を引く.
> $$x=4-3y$$
> これを2番目の式に代入して,
> $$6(4-3y)-5y=1$$
> これを展開すると,
> $$24-18y-5y=1$$
> 両辺から 24 を引いて,
> $$-18y-5y=1-24$$
> これをまとめると,
> $$-23y=-23$$
> となり,両辺を 23 で割って,
> $$-y=-1,$$
> したがって,
> $$y=1$$
> となる.このようにして y の値が得られたので,元の方程式のどちらかに(どちらでもよい)代入して,x を求める.
> $$x+3y=4$$
> $$x+(3\times 1)=x+3=4$$
> $$x=4-3=1$$
> こうして解は $x=1$, $y=1$ となる.

13・5 消去法

連立方程式を解くもう一つの方法は,未知数のどちらか(xかyのどちらか)を消去するものである.

> **例**
>
> 連立方程式
> $$x+3y=4 \qquad (1)$$
> と
> $$6x-5y=1 \qquad (2)$$

を消去法によって解くには次のようにする．まず，(1)式の両辺に 6 を掛けて，
$$6(x+3y) = 6 \times 4$$
これを展開すると，
$$6x + 18y = 24$$
したがって (1)式は，
$$6x = 24 - 18y$$
となる．次に，(2)式の両辺に $5y$ を加えると，
$$6x = 1 + 5y$$
となる．両方の式とも $6x$ のかたちになったので，
$$24 - 18y = 6x = 1 + 5y$$
つまり，
$$24 - 18y = 1 + 5y$$
となる．この式は簡約すると，
$$-18y - 5y = 1 - 24$$
さらに，
$$-23y = -23$$
となり，両辺を 23 で割ると，
$$-y = -1$$
したがって，
$$y = 1$$
となる．

上の代入法の例と同じく，y の値が得られたので，元の方程式のどちらかにこれを代入すれば，$x = 1$ となる．

自己診断テスト

答は巻末参照．

問 13・1 $2x + y = 8$ と $3x + 2y = 14$ を代入法で解きなさい．

問 13・2 $2x + y = 8$ と $3x + 2y = 14$ を消去法で解きなさい．

問 13・3 ある村に 1 000 人が住んでいて，人口が毎年 50 人ずつ増えている．別の村には 1 600 人が住んでいて，人口が毎年 50 人ずつ減っている．何年経つと二つの村の人口が等しくなるであろうか．また，そのときの人口はいくらか．グラフによる方法と計算の両方で，この問題を解きなさい．

14 数列と級数

われわれは自然界にあるパターンを認めることがよくある．これらのパターンはしばしば，**等差数列**と**等比数列**のいずれかになる．

14・1 数　列

数の列（**数列**）があるとき，列の中の位置を示すのに文字を使う．普通は文字 n を使う．

数列 2, 4, 6, 8, 10, …… では，n 番目の項は $2n$ である．

30番目の項を求めるには，n を30に置き換えて，$2n = 2 \times 30 = 60$ となる．

14・2 等差数列

上の例では，隣りあう数の差が一定であった．

これを**等差数列**という．

等差数列は，それぞれの数（項）が前の数に一定数を足す（あるいは引く）ことによって得られるものである．

この一定数のことを**公差**という．

例

7, 12, 17, 22, 27, …… の数列では，公差が5である．

項	1項目		2項目		3項目		4項目		5項目
数	7		12		17		22		27
公差		+5		+5		+5		+5	

等差数列は一般的に次のように表現できる．

$$a, (a+d), (a+2d), (a+3d), \ldots\ldots, 第 n 項まで$$

ここで a が初項（第1項：上の例の場合は7），d が公差（上の例の場合は5），n は "項" の番号（われわれが計算したい項の番号）を表す．

等差数列の第 n 項は，次の式で与えられる．

$$a_n = a + (n-1)d$$

> **例**
>
> 数列 13, 16, 19, 22, 25, ……の第 78 項を求めたいとする.
> 初項は 13 だから $a=13$, 公差は 3 だから $d=3$, 第 78 項を求めたいのだから $n=78$ である.
> これらを,
> $$a_n = a + (n-1)d$$
> に代入すると,
> $$13 + (78-1)3 = 244$$
> となり, 第 78 項は 244 となる.

14・3 等差数列の和

一連の項を足し合わせるとき, $\sum$ (和の記号) を使う. そのときには, プラス記号の代わりに, それぞれの項の間にコンマを入れる.

したがって, 等差数列を + でつないだもの (つまり等差数列の和) を等差級数という.

$$a + (a+d) + (a+2d) + (a+3d) + \cdots\cdots + 第 n 項まで$$

は次のように表される.

$$\sum a, (a+d), (a+2d), (a+3d), \cdots\cdots, (a+(n-1)d)$$

これを計算する式は,

$$S_n = \frac{n}{2}[2a + (n-1)d]$$

ここで S_n は最初の n 項の和である.

これは一見複雑にみえるかもしれないが, この式は第 n 項

$$a + (n-1)d$$

に初項 a を加えて, $\frac{1}{2}n$ を掛けたものである.

S_n の n (最初の n 項の和という意味) と対数の底を表す n, すなわち $\log_n$ を混同しないように注意してほしい.

> **例**
>
> 数列 13, 16, 19, 22, 25, ……の最初の 78 項の和を求めたいとする.
> 初項は 13 だから $a=13$, 公差は 3 だから $d=3$, また $n=78$ である.
> これらを式

$$S_n = \frac{n}{2}[2a+(n-1)d]$$

に代入すると,

$$S_{78} = \frac{78}{2}[(2\times 13)+(78-1)3] = 39(26+231) = 10\,023$$

したがって最初の 78 項の和は 10 023 である.

14・4 等比数列

等比数列は,それぞれの項に一定数を掛けていってつくられる数列である.この一定数のことを**公比**というが,0,1,−1 以外のどんな値でもよい.等比数列を + でつなぎ合わせたものを等比級数という.

> **例**
>
> 数列 3, 6, 12, 24, 48, ……はそれぞれの項に 2 を掛けてつくられる.
>
> | 項 | 1項目 | | 2項目 | | 3項目 | | 4項目 | | 5項目 |
> |---|---|---|---|---|---|---|---|---|---|
> | 数 | 3 | | 6 | | 12 | | 24 | | 48 |
> | 公 比 | | ×2 | | ×2 | | ×2 | | ×2 | |
>
> 等比数列は次のように表現できる.
>
> $a, ar, ar^2, ar^3, \cdots\cdots$ 第 n 項まで
>
> ここで,
>
> a は初項(上の例では 3),
>
> r は公比(上の例では 2),
>
> n は項の数
>
> である.
>
> どんな等比数列でも,第 n 項目は次のように表される.
>
> ar^{n-1}

> **例**
>
> 等比数列 5, 20, 80, 320, 1 280, ……の第 9 項目を求めたいとする.この場合,初項は 5 だから $a=5$,公比は 4 だから $r=4$,第 9 項目を求めたいのだから $n=9$ である.

これらを,
$$ar^{n-1}$$
に代入すると,
$$5 \times 4^{9-1} = 5 \times 4^8 = 5 \times 65\,536 = 327\,680$$

14・5 等比数列の和

第 n 項までの等比数列の和は次の式で与えられる.

$$S_n = \frac{a(r^n - 1)}{r - 1}$$

また,

$$S_n = \frac{a(1 - r^n)}{1 - r}$$

のように書かれることもある. まったく同じことであるが, $r<1$ の場合はこちらのほうが扱いやすいだろう.

例

等比数列 5, 20, 80, 320, 1 280, ……の最初の 9 項の和を求める. $a=5$, $r=4$, $n=9$ である.

これらの値を上の式に代入すると,

$$S_9 = \frac{9(4^9 - 1)}{4 - 1} = \frac{5 \times 262\,143}{3} = 436\,905$$

したがって 9 項の和は 436 905 となる.

自己診断テスト

答は巻末参照.

問 14・1 公園にコマドリが最初 12 羽いた. 毎年コマドリの数を数えたら, 16, 20, 24, 28 と増えていった. 増加速度が一定だと仮定して, 10 年目には何羽になると予想されるか計算しなさい.

問 14・2 前の問題でコマドリの寿命が 1 年ならば, 10 年間で合計何羽のコマドリがこの公園に生息したことになるか.

問 14・3 山火事の 1 年後, 一つのコドラート (方形区, 生態調査で設定される方形の単位区画) に 100 mm 以上の高さの植物が 250 本あった. 次の 3 年

間に，その数は 750, 2 250, 6 750 と増えていった．

1 年間の増加速度が一定だとすると，山火事の 7 年後には何本の植物が生えていることが予想されるか．

問 14・4 前の問題ですべての植物が一年生（1 年で枯れてしまう）だとすると，7 年間で合計何本の植物が生えたことになるか．

15 べき（累乗）の計算

この章では，べき（累乗）を扱う際の規則について勉強する．

15・1 ゼロ乗

5・2 節で $10^0 = 1$ であることをみた．

これはどんな数にも当てはまり，ゼロ乗は 1 になるが，ゼロのゼロ乗だけは違う（$0^0 = 0$）．

> **例**
> $x^0 = 1$

15・2 累乗を扱う際の便利な規則

次の規則は，累乗を扱う際に便利である．

$$x^{-2} = \frac{1}{x^2}$$

$$x^{1/2} = \sqrt{x}$$

$$x^{1/3} = \sqrt[3]{x}$$

$$x^{2/3} = \sqrt[3]{x^2} = (\sqrt[3]{x})^2$$

$$x^2 \times x^3 = x^{2+3} = x^5$$

$$\frac{x^5}{x^3} = x^{5-3} = x^2$$

$$(x^2)^3 = x^6$$

$$(xab)^2 = x^2 a^2 b^2$$

$$\left(\frac{x}{a}\right)^2 = \frac{x^2}{a^2}$$

15・3 累乗の和と差

5・4 節でみたように，普通の数はべきが同じならば足したり，引いたりできる．同じことは代数式の場合でも成り立つ．

> **例**
>
> $$5x^3 - 2x^3 = 3x^3$$
>
> しかし,
>
> $$x^2 + x^5$$
>
> は,べきが異なるので,足し合わせることはできない.

15・4 根の扱い

根はすべて累乗に変換できる.

> **例**
>
> $$\sqrt[3]{x} = x^{1/3} = x^{0.333}$$
> $$\sqrt[4]{x^2} = x^{2/4} = x^{0.5}$$

初等数学では,負の数の平方根(あるいはいかなる偶数乗根も)ありえない.

$$\cancel{\sqrt{-x}}$$
$$\cancel{\sqrt[4]{-x}}$$

次の根の法則は便利である.

$$\sqrt[3]{x} \times \sqrt[3]{a} = \sqrt[3]{xa}$$
$$\frac{\sqrt[3]{x}}{\sqrt[3]{a}} = \sqrt[3]{\frac{x}{a}}$$
$$\sqrt[2]{\sqrt[3]{x}} = \sqrt[2 \times 3]{x} = \sqrt[6]{x}$$

自己診断テスト

答は巻末参照.

問 15・1 $\dfrac{(a+2)^7}{(a+2)^5}$ を計算しなさい.

問 15・2 $\sqrt[3]{(2a-1)^6}$ を計算しなさい.

16 対 数

生物や生化学の系の多くは対数で記述すると便利である．たとえば，集団の個体数増加は対数的にふるまうし，酸性度を測る pH は対数尺度である．

16・1 対数入門

われわれはすでに，2^3 のような累乗をみた．
最初の数，この場合，2 は"底"と呼ばれる．
べき，この場合，3 は"べき指数"または"累乗の指数"と呼ばれる．
べき指数は，この場合，2 を底とした**対数**（"log"）である．

> **例**
>
> $2^3 = 8$ は，$\log_2 8 = 3$（読み方は"2 を底とした 8 の対数は 3 である"）と同じことをいっている．
> 10^5 では，べき指数は 5 だから，10^5 の（10 を底とした）対数は 5 である．このことは，100 000 の $\log_{10}$ が 5 であるということと同じ，つまり $\log_{10} 100\,000 = 5$ である．

便宜的に底が 10 の場合には 10 を書かない．

> **例**
>
> $\log_{10} 100 = 2$ は $\log 100 = 2$ と書く（読み方は"100 の対数は 2"）．

科学技術用電卓やコンピューターのソフトウェアで対数は計算できる．この場合，"log"キーや関数を使う．
対数を元の数に戻すには，電卓の場合，"shift"キー（あるいは"2ndF"キー，"inverse"キー）を押してから"log"キーを押す．

16・2 自然対数

e（e は定数で約 2.718）を底とする対数のことを"自然対数"という．この場合は，$\log_e$ と書かずに，ln と書くことが多い．
e は $\ln e^x = x$（つまり $\log_e e^x = x$）という性質をもっている．

したがって，$\ln e = 1$（$\ln e$ は $\ln e^1$ と同じであり，$\ln e^1 = 1$）

このことは重要である．なぜならば，もしも**指数**関係が得られた場合には，x に対する $\ln y$ のグラフは直線になる．

17 章では e，自然対数，それに指数関係の使い方についてもっと詳しく説明する．

16・3 対数の規則

次の規則は役に立つだろう．

$\log_a 1 = 0$（これは $a^0 = 1$ と同じことをいっている）

$\log_a a = 1$（これは $a^1 = a$ と同じ）

$\log_a(bc) = \log_a b + \log_a c$，二つの数を掛け合わせるのに，二つの数の対数を足し合わせる．対数は（べき）指数だから，掛け合わせるときに指数を足し合わせたことを思い出してほしい．

$\log_a(b/c) = \log_a b - \log_a c$，割り算をする場合，指数の引き算を行ったように，それらの対数の引き算を行う．

$\log_a b^c = c \log_a b$

$\log_a a^c = c$（$\log_a a^c = c \log_a a$ で $\log_a a = 1$ だから）

> **例**
>
> $\ln 1 = 0$（つまり $\log_e 1 = 0$）
>
> $\log(1546 \times 4326) = \log 1546 + \log 4326 = 3.189 + 3.636 = 6.825$
>
> $\log_2 56^4 = 4 \log_2 56$

自己診断テスト

答は巻末参照．

問 16・1 24 章で pH について詳しく説明するが，pH は水素イオン濃度を対数で表したものであり，次のように定義される．

$$\mathrm{pH} = -\log[\mathrm{H}^+]$$

ここで $[\mathrm{H}^+]$ は水素イオン濃度を表す記号である．

1) $[\mathrm{H}^+] = 1.2 \times 10^{-5}$ ならば，pH はいくらか．
2) もしも pH が 6.3 ならば，$[\mathrm{H}^+]$ はいくらか．

電卓では "log" キーと "shift"（あるいは "2ndF", "inverse"）キーを使って計算できる．

問 16・2 e は約 2.718 の定数であるが,$\ln e^4$ はいくつか.
ヒント:電卓なしで計算できる.

17　指数的増加と減衰

生命科学の多くの系において時間に関する**指数的**な関係が多くみられる．たとえば，

- 培養されている細菌の数が1時間ごとに倍になるならば，これは**指数的増加**の例である．
- テクネチウム 99m の放射能は 6 時間ごとに半減するが，これは**指数的減衰**の例である．

17・1　指数的増加の式

指数的増加を表す簡単な式は，
$$y = a^x$$
であり，ここで a は研究対象となっている系に依存した定数であり，x はべき指数（べき，あるいは指数ともいう）である．

両辺の対数をとると，
$$\log y = x \log a$$
$\log y$ を x に対してプロットすると，指数関係は傾き $\log a$ の直線になる．

この例では，10 を底とした対数を使ったが，どんな数を底にしても直線が得られる．

指数関係が成り立つとき，半対数方眼紙（一つの軸だけ対数目盛になっている方眼紙）にプロットすれば，直線関係が得られる．このような例を 21・8 節に示した．

指数的増加のもっと一般的な式は次のように書くことができる．
$$y = a e^{bx}$$
ここで a と b は系に依存した定数である．

この式の両辺の自然対数をとると，
$$\ln y = \ln(a e^{bx})$$
対数計算の規則を使うと，この式は，
$$\ln y = \ln a + bx \ln e$$
となる．$\ln e = 1$ だから，
$$\ln y = bx + \ln a$$
x に対して $\ln y$ をプロットすると，傾き b，y 軸との切片が $\log a$ の直線が得られ

17・2 増加-減衰の式

指数的増加-減衰の式 $y = ae^{bx}$ は，次のように表すこともできる．
$$N = N_0 e^{kt}$$
ここで N は指数的に変化している量，t は時間，N_0 は時間 $t = 0$ での N の値，k は増加あるいは減衰の速度を表す係数，e は定数で約 2.718 である．

> **例**
>
> 寒天培地上に 100 個の細菌（$N_0 = 100$）を植えた（時間 $t = 0$）．5 時間後（$t = 5$），細菌の数は 300 個になった（$N_5 = 300$）．指数的な増加を仮定するならば，増加係数は，
> $$300 = 100 e^{5k}$$
> から計算できる．この式は変形すると，
> $$\frac{300}{100} = 3 = e^{5k}$$
> 両辺の自然対数をとると，e^x の自然対数は x，つまり $\ln e^{5k} = 5k$ だから，
> $$\ln 3 = 5k$$
> $$\frac{\ln 3}{5} = k$$
> したがって，増加係数は，
> $$k = 0.22 \text{（時間当たり）}$$

17・3 倍増時間

どのくらいで倍増するかがわかれば，増加-減衰の式を用いて増加係数を計算することができる．

> **例**
>
> ムーアの法則によると，最速のコンピューター・チップの能力は 18 カ月ごとに倍増するという．
>
> コンピューター・チップの能力の初期値を $N_0 = 1$ としておく．18 カ月後（$t = 18$ カ月），初期値の倍になるから，
> $$N_{18} = 2$$
> これらの値を $N = N_0 e^{kt}$ に代入すると，

$$2 = 1e^{18k}$$

変形して，

$$\frac{2}{1} = 2 = e^{18k}$$

両辺の自然対数をとると，

$$\ln 2 = 18k$$

$$\frac{\ln 2}{18} = k$$

したがって，

$$k = 0.039 \text{（月当たり）}$$

17・4 指数的減衰

指数的減衰の場合にも，増加-減衰の式を使うことができる．

例

放射性同位体テクネチウム 99m は，半減期が短く，放射線医学ではいろいろな疾患の診断に使われている．放射能の半減期は，6時間である．

放射能の初期値を $N_0 = 1$ としておく．6時間後（$t = 6$ 時間），放射能は初期値の半分になるから，

$$N_6 = 0.5$$

これらの値を $N = N_0 e^{kt}$ に代入すると，

$$0.5 = 1e^{6k}$$

変形して，

$$\frac{0.5}{1} = 0.5 = e^{6k}$$

$$\ln 0.5 = 6k$$

$$\frac{\ln 0.5}{6} = k$$

したがって，

$$k = -0.116 \text{（時間当たり）}$$

指数的な減衰がある場合には，係数は負になることに注意してほしい．

17・5 増加係数

増加係数と初期値がわかれば，増加−減衰の式を使ってどの時間の N でも計算できる．

> **例**
>
> 先に求めた培養細菌の増加係数 $k = 0.22$（時間当たり）を用いて，最初に（$t = 0$ 時間）5 000 個の細菌が植えつけられた場合に（$N_0 = 5 000$），24 時間後（$t = 24$ 時間）に細菌がいくつになるかを計算できる．
>
> $$N_{24} = N_0 e^{kt} = 5\,000\,e^{0.22 \times 24} = 5\,000\,e^{5.28} = 5\,000 \times 196 = 980\,000 \text{ 個}$$

自己診断テスト

答は巻末参照．

問 17・1 非常に感染性の高いウイルスの感染が，最初 5 人に確認された．3 週間後に，感染者は 25 人になった．指数関数的な増加を仮定すると，増加係数はいくつになるか．自然対数の計算は電卓を用いて行いなさい．

問 17・2 感染が前の問題で得られたものと同じ増加係数で進むとすると，それから 4 週間経ったら何人の感染者が出るかを予想しなさい．この問題も電卓を使いなさい．

問 17・3 放射性同位体ヨード 131 の半減期は 8 日である．減衰係数を求めなさい．

18 円 と 球

円や球に関連した数式は，科学のいろいろな計算の役に立つ．

18・1 パイ

円や球に関連した数式はみんな定数 π を含む．π はギリシャ文字で**パイ**と読む．π は無限に長い小数だが，有効数字 5 桁では $\pi = 3.1416$ である．

18・2 円や球に関連した数式

半径 r の円や球に関しては，次のような式がある．

円周の長さ	$C = 2\pi r$
円の面積	$A = \pi r^2$
球の体積	$V = \dfrac{4}{3}\pi r^3$
球の表面積	$A = 4\pi r^2$

18・3 円柱と円錐に関連した式

半径 r，高さ h の円柱と円錐に関しては，次のような式がある．

| 円柱の体積 | $V = \pi r^2 h$ |
| 円錐の体積 | $V = \dfrac{1}{3}\pi r^2 h$ |

> **例**
>
> 半径 120 mm のガラスの円柱（シリンダー）に高さ 85 mm まで溶液が入っている．この溶液の体積を知りたいとする．
> まず標準型の表し方にしておく．
> $$r = 120 = 1.2 \times 10^2 \text{ mm}$$
> $$h = 85 = 8.5 \times 10 \text{ mm}$$
> これらを円柱の体積の式に代入すると，
> $$V = \pi r^2 h = 3.1416 (1.2 \times 10^2)^2 \times 8.5 \times 10 = 3.8 \times 10^6 \text{ mm}^3 \quad \text{（有効数字 2 桁で）}$$

自己診断テスト

答は巻末参照.

問 18・1 細胞培養に用いる卵黄の直径が 24 mm であった. 球形だと仮定して体積を求めよ.

19 微 分 計 算

この本では,以下の二つのタイプの計算を扱う.
- 微分計算
- 積分計算

微分法(differentiation)として知られるように,**微分計算**は速度の変化に関係し,特定の場所のグラフの傾きとして計算される.

19・1 一定速度のとき

車の速度は,車の走行距離の時間的な変化率のことである.それは,ある点におけるグラフの傾きとして計算できる.

下のグラフは車が一定速度で走行していることを表している.

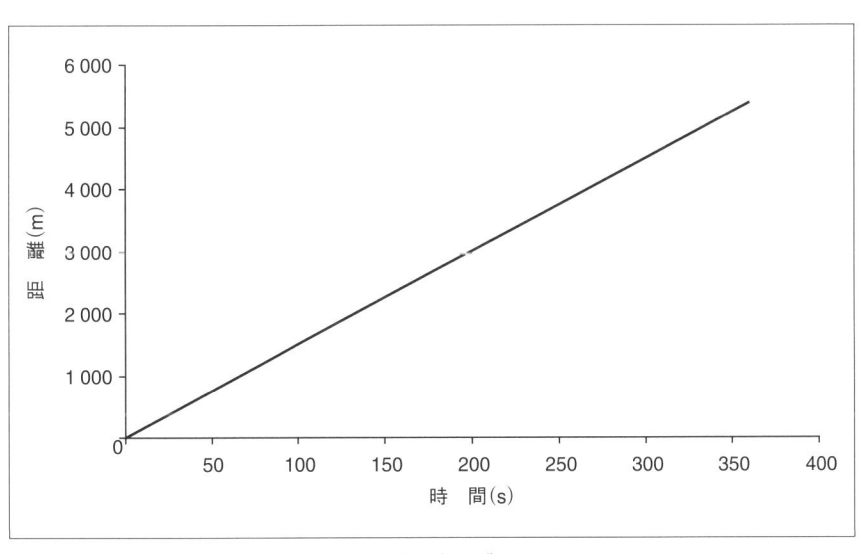

一定速度の車のグラフ

$$車の速度(メートル/秒) = \frac{走行距離 (m)}{かかった時間 (s)}$$

8章で直線グラフを表す方程式は,次のように表されることを学んだ.

$$y = mx + c$$

ここで m は傾き，c は直線の y 軸との切片である．

この例では，車は一定速度で，360秒間で5400メートル走行する．したがって，傾き m は $\dfrac{5400}{360} = 15 \text{ m s}^{-1}$ となる．

y 軸との切片は 0，はじめ車は出発点にいるので，$c = 0$ である．

したがって直線の方程式は次のようになる．

$$y = 15x + 0, \text{ つまり，} y = 15x$$

ここで y は距離（メートル），x は時間（秒）である．

われわれはまた，直線グラフは次のようにも表すことができることを学んだ．

$$\frac{y \text{の変化}}{x \text{の変化}} = \frac{y_2 - y_1}{x_2 - x_1}$$

これが，x に対する y の変化率である．

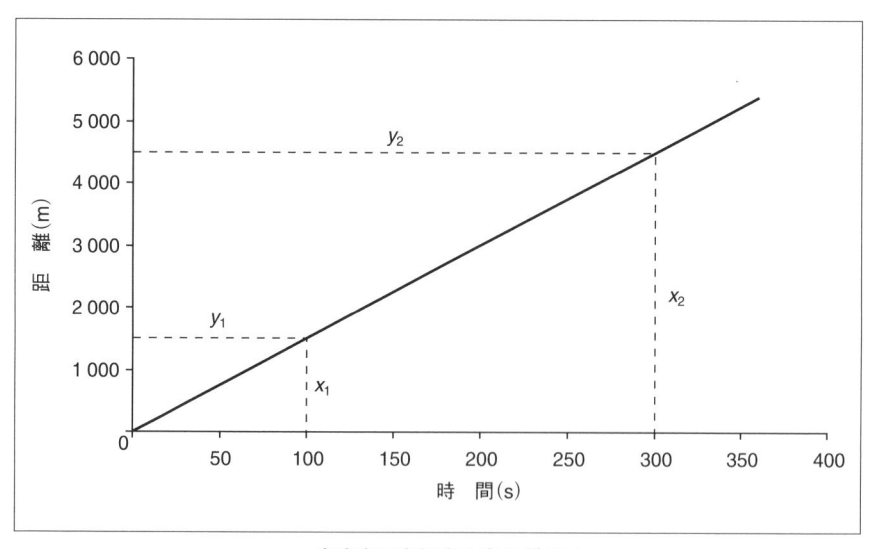

一定速度で走行する車のグラフ

この例では，$\dfrac{y_2 - y_1}{x_2 - x_1} = \dfrac{4500 - 1500}{300 - 100} = \dfrac{3000}{200} = 15 \text{ m s}^{-1}$

微積分学では，傾き $(y_2 - y_1)/(x_2 - x_1)$ のことを**導関数**と呼ぶ．

したがって，導関数 $(y_2 - y_1)/(x_2 - x_1) = 15 \text{ m s}^{-1}$，となる．グラフは直線だから，車の速度，つまり導関数 $(y_2 - y_1)/(x_2 - x_1)$ は一定である．

19・2 加速があったら

下のグラフは車が加速している場合,つまり走行中に速度が増加している場合を示している.

曲線の傾きを計算することは,直線の場合ほど簡単ではない.車は常に加速しているので,車の速度は時間とともに変化する.

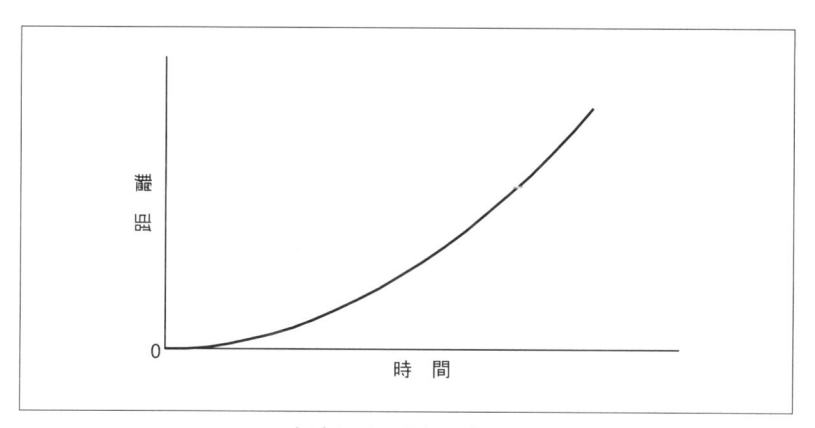

加速している車のグラフ

19・3 曲線の傾きの計算

下の曲線の式は,$y = \dfrac{1}{2}x^2$ である.

傾き,つまり速度は常に変化しているから,グラフのそれぞれの点によって異なる.

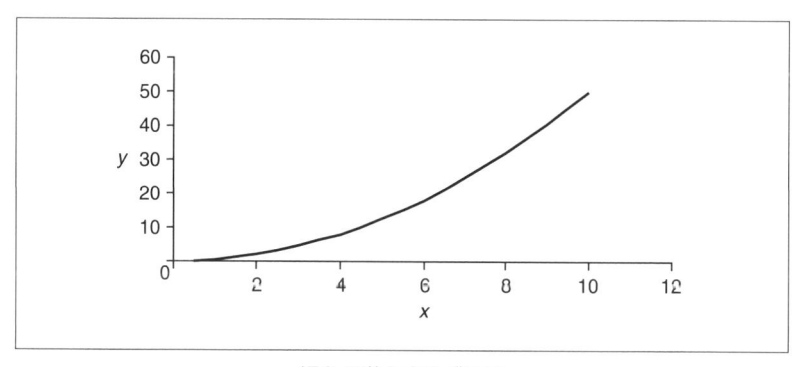

傾きが増大するグラフ

どの点においても，**接線**（その点において曲線と接する直線）を引き，この直線の傾きを計算することによって，曲線の傾きを求めることができる．

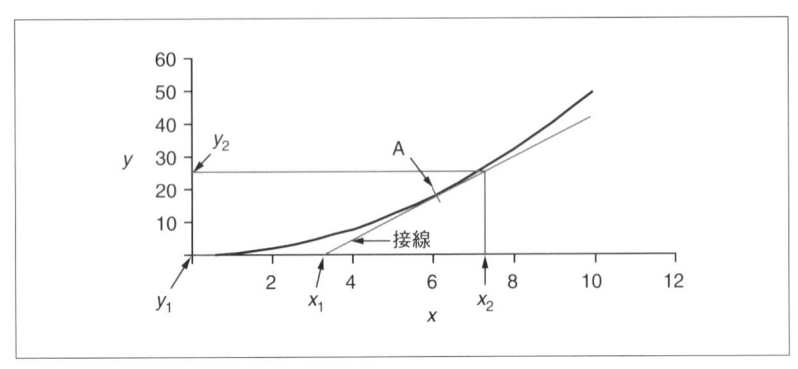

接線を引いたグラフ

点Aにおいて，接線の傾き，つまり曲線の傾きは，

$$\frac{y_2-y_1}{x_2-x_1}=\frac{25-0}{7.5-3.5}=\frac{25}{4}=6.25$$

微分とは，この**傾きを求める数学的な方法**である．

19・4 関　数

関数とは，一つのものの値が別のものの値に依存する場合に，二つあるいはそれ以上のものの間の関係を表す．

> **例**
> ・魚が泳いだ距離は，それが泳いだ時間に依存する．
> ・サンプル中の細菌の数は，サンプルの大きさに依存する．
> ・$y=\frac{1}{2}x^2$ のグラフでは，y の値は x の値に依存する（x の二乗の半分）．

これらのそれぞれの関係において，**従属変数**（これらの例では，距離，細菌の数，y）と**独立変数**（時間，サンプルの大きさ，x）がある．

通常，われわれは，ある与えられた独立変数に対して，従属変数の値がどうなるかを知りたい．つまり，$y=\frac{1}{2}x^2$ の場合は，与えられた x の値に対して，y の値がどうなるかを知りたい．

19・5　関数の表記法

方程式の中で、関数 $y=\frac{1}{2}x^2$ を表す一つのやり方は，

$$f(x)=\frac{1}{2}x^2$$

と書くことであり，$f(x)$ は "x の関数 f" と読む．

この二つの表記は同じことを表している．

$f(x)$ は x の f 倍ではない．$f(x)$ は y を表す単に別のやり方であり，y が x の関数であることを強調している．たとえば，魚が泳いだ距離は泳いだ時間の関数であることを強調している．

19・6　曲線の問題

特定の点における傾きを計算するには，ある与えられたの変化に対して，y の変化量を知らなければならない．つまり，

$$\frac{(y_2-y_1)}{(x_2-x_1)}$$

を計算する必要がある．これをやるためには，グラフの中で直線関係の成り立つ部分を使うことが必要だが，曲線の場合の問題は，それが直線を含まないことである．

曲線の場合には，その曲線と 2 点で交わる直線（**割線**）を引いて，ある特定の点における傾きの近似を求めることができる．

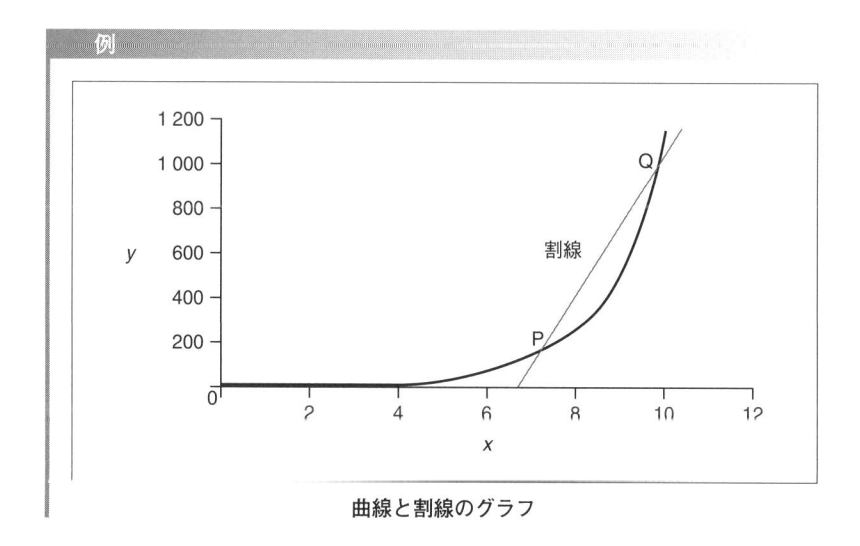

例

曲線と割線のグラフ

ここでは，P点における曲線の傾きを近似的に求めるために，P点とQ点でこの曲線と交差する割線を引いた．

$$割線の傾き = \frac{y_2 - y_1}{x_2 - x_1} = \frac{1\,000 - 200}{9.75 - 7.5} = \frac{800}{2.25} = 355.55$$

しかし，次のグラフのように点Pを通る接線を引くと，割線の傾きは接線のものよりも急であることがわかる．

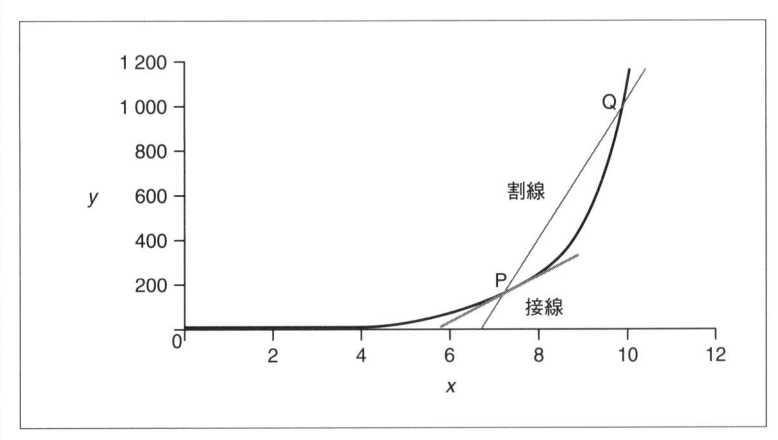

曲線と割線，接線のグラフ

P点とR点をつないだ，もっと短い割線も使える．

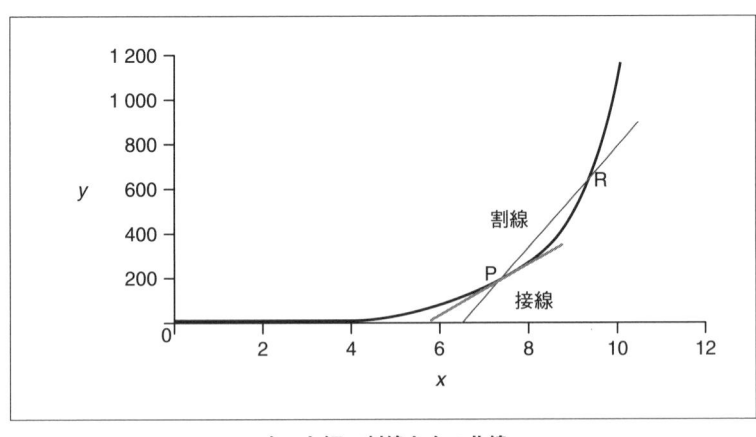

もっと短い割線をもつ曲線

ここで，

$$\text{割線の傾き} = \frac{y_2 - y_1}{x_2 - x_1} = \frac{650 - 200}{9 - 7.5} = \frac{450}{1.5} = 300$$

である．これは，前の割線の傾きよりも接線の傾きに近いが，それの近似に過ぎない．

割線の曲線と交わる2点の距離が短くなればなるほど，割線の傾きはP点での接線の傾きに近くなることがわかるだろう．

さて，微分の最も重要な考え方は次のようなものである．

割線の曲線と交わる2点の距離が無限に小さくなった極限で，割線の傾きはその点における曲線の傾きになる．このことは，次のように表記される．

$$\lim_{\delta x \to 0} \frac{y_2 - y_1}{x_2 - x_1}$$

いい換えると，x の違い（つまり $x_2 - x_1$ のこと，ここでは δx と表記されている）がゼロの極限に近づいたときに，P点における接線の傾きになる．

19・7 弦の傾き

下の図の曲線では，A点の位置はその座標 x, y で表される．

$y_2 - y_1$ は y_2 と y_1 の差であり，δy（y の差という意味）と表記される．これは

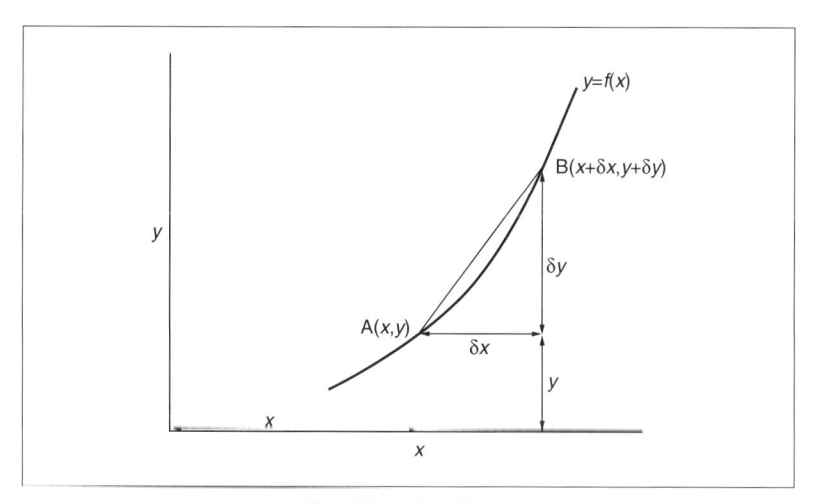

弦の傾きを示すグラフ

"デルタ y" と読む.

したがって，点Bの位置は座標を使って $(x+\delta x, y+\delta y)$ と表記される.

点Bが点Aに近づくにつれて，弦（割線の曲線と交差する2点にはさまれた部分）の傾きは，点Aでの接線に近づく.

同時に δy と δx はゼロの極限に近づく.

したがって，点Aでは弦ABの傾きは，

$$\frac{(y+\delta y)-y}{(x+\delta x)-x}$$

となるが，δx がゼロの極限に近づくにつれて，これは数学で dy/dx と表記されるものに近づく.

dy/dx は**微分係数**と呼ばれるものであり，x に対する y の**導関数**である.

微分とはこの導関数を計算するプロセスである.

dy/dx は分数ではなく，d と y とを分けることはできない．d は極限という意味なのである.

これらを合わせて，

$$\lim_{\delta x \to 0} \frac{y_2-y_1}{x_2-x_1} = \frac{dy}{dx}$$

dy/dx は微分係数，y の導関数，あるいは y' と呼ばれる.

y は x の関数だから（つまり $y=f(x)$），導関数は $f'(x)$ と書いてもよい.

また y は x の関数だから，AとBの座標は x を用いて次のように書くことができる．Aの座標は，

$$(x, y)$$

y は x の関数だから（$y=f(x)$），Aの座標は $(x, f(x))$ と書くことができる.

したがって，Bの座標は，

$$(x+\delta x, f(x+\delta x))$$

AとBの間の弦が短くなれば，δx は小さくなって，ゼロの極限に近づき，AはBに近づく.

19・8　x^2 の微分の計算

$y=x^2$ という関数がある.

この関数の微分（微分係数）dy/dx を計算したいとする.

もしも，$y=x^2$ ならば，

$$y+\delta y = (x+\delta x)^2$$

$(x+\delta x)^2$ を展開して，

$$y+\delta y = x^2 + 2x\delta x + \delta x^2$$

この式から $y=x^2$ を引き算すると，
$$\delta y = 2x\delta x + \delta x^2$$
両辺を δx で割ると，
$$\frac{\delta y}{\delta x} = 2x + \delta x$$
δx がゼロに近づいた極限で，これが微分係数になるから，
$$\frac{\mathrm{d}y}{\mathrm{d}x} = 2x + 0 = 2x$$
したがって，方程式 $y=x^2$ の微分は $2x$ になる．

19・9 定数の微分

下のグラフで示すように，定数があっても傾きは変わらない．

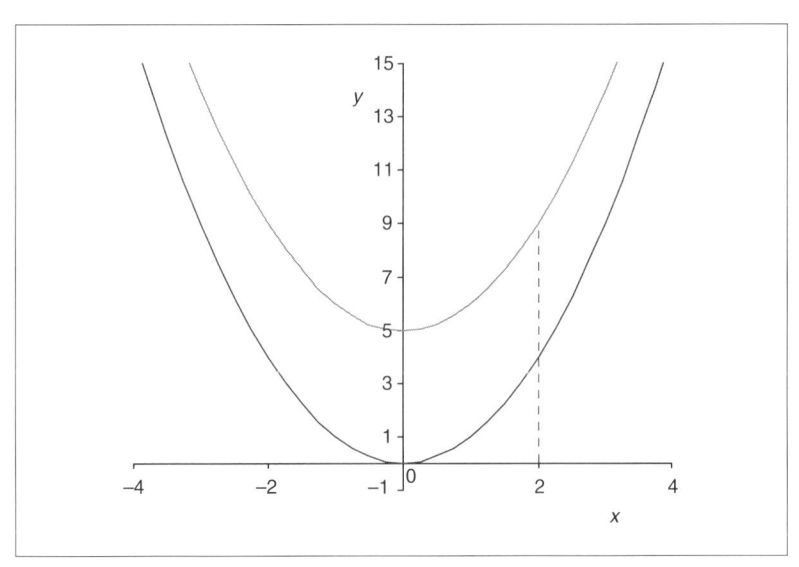

$y=x^2$ と $y=x^2+5$ のグラフ

$y=x^2$ と $y=x^2+5$ の二つのグラフでは，x のどのような値に対しても，傾きは同じである．たとえば，$x=2$ の直線が交わる点では，どちらの曲線も傾きは 4 である．

定数の微分はゼロであり，定数の値（グラフが y 軸のどの高さからはじまるか）は，微分には影響しない．

したがって，$y=x^2$ と $y=x^2+5$ の両方とも，微分は $\mathrm{d}y/\mathrm{d}x = 2x$ となる．

19・10　x^2 の微分を使って

円の面積の式は，$A=\pi r^2$ であった．ここで A が円の面積，π が定数で約 3.1416，r が円の半径である．この式を r で微分して，ある与えられた半径のところで，半径の増大に対する面積の増加率を計算することができる．

> **例**
>
> 前の節で，$y=x^2$ のときに，微分が $2x$ になることをみたので，
> $$\frac{\mathrm{d}A}{\mathrm{d}r} = \pi(2r) \approx 3.1416(2r) = 6.2832\, r$$
> 円の半径が 10 mm まで伸びたときに，円の面積は 314.16 mm^2 である．
> 　そのとき，面積の増加率は，
> $$\frac{\mathrm{d}A}{\mathrm{d}r} = 6.2832 \times 10 = 62.832\ \mathrm{mm^2/mm}$$

19・11　x^3 の微分

$y=x^3$ では，$\mathrm{d}y/\mathrm{d}x = 3x^2$ である．

> **例**
>
> 球の体積の式は，
> $$V = \frac{4}{3}\pi r^3$$
> であった．ここで，V が体積，π が定数で約 3.1416，r が球の半径である．
> $$y = x^3$$
> の微分は，
> $$\frac{\mathrm{d}y}{\mathrm{d}x} = 3x^2$$
> だから，球の体積の微分は，
> $$\frac{\mathrm{d}V}{\mathrm{d}r} = \frac{4}{3} \times 3\pi r^2 = 4\pi r^2 \approx 12.57\, r^2$$
> となる．球の半径が 10 mm になったとき，体積の増加率は，
> $$\frac{\mathrm{d}V}{\mathrm{d}r} = 12.57(10^2) = 12.57\ \mathrm{mm^3/mm}$$

19・12　x^n の微分

x^2 の微分は $2x$ である．
x^3 の微分は $3x^2$ である．
x^4 の微分は $4x^3$ である．
$2x^4$ の微分は $4 \times 2x^3 = 8x^3$ である．
これでパターンがわかると思う．
どんな累乗の関数でも，一般的には $y = mx^n$ と書くことができるが，微分は，

$$\frac{dy}{dx} = nmx^{n-1}$$

となる．方程式の中の定数 c は，cx^0（つまり $c \times 1$）と同じだから，cx^0 の微分は，

$$0cx^{0-1} = 0$$

である．したがって，定数の微分はいつもゼロになる．

例

$y = 3x^{15} + 7$ の微分は，

$$\frac{dy}{dx} = 15(3x^{15-1}) + 0 = 45x^{14}$$

19・13　$y = 1/x$ の微分

$y = \dfrac{1}{x}$ は，$y = x^{-1}$ と書くこともできる．
$\dfrac{dy}{dx} = nmx^{n-1}$ の式をこれに当てはめると，

$$\frac{dy}{dx} = -1x^{-1-1} = -x^{-2}$$

19・14　e^x の微分

e^x の微分は e^x である．つまり $y = e^x$ とすると $dy/dx = e^x$ となる．
ゼロ以外に，この関数は導関数（微分）がそれ自身と同じくなる唯一の関数である．
このような関係を満たす数が，e の定義だと考えればよく，e は近似的に 2.718 である（$e \approx 2.718$）．
$e \approx 2.718$ という定数は，16章，17章の対数と指数増加のところで出てきた

ものである.

自己診断テスト

答は巻末参照.

問 19・1 動物の熱放出は,その動物の表面積に依存する.ある環境温度で,ある動物種の熱の放出が $y=50x^2$ であったとする.ここで,y がワット(W)で測った熱放出,x がメートル(m)で測った動物の体長である.

動物の体長が 1.2 m になったときの熱放出の増加率はいくらか.

問 19・2 ハチの巣で,ハチの個体数は巣の半径の 3 乗に比例する.
$$y=x^3/60$$
ここで y はハチの個体数,x は mm で測った巣の半径である.

巣の半径が 30 mm になったときのハチの個体数増加率はいくらになるか.

問 19・3 $y=3x^{20}-8$ を x で微分しなさい.

問 19・4 $y=3/x^5$ を x で微分しなさい.

20 積分計算

積分は微分の逆である.
われわれが出会う積分の使い方には,二通りがある.
- 微分だけが知られているときに,元の関数を計算する.
- ある曲線の下の部分の面積を計算する.

20・1 積分:微分の逆

19章で $y=x^2$ の微分が $\dfrac{dy}{dx}=2x$ であることをみた.

したがって,$2x$ の積分は x^2 ではないかと予想される.

簡単である.ただし,$y=x^2+9$ の微分も $dy/dx=2x$ であったから,$2x$ の積分は x^2+9 かもしれない.

このように,微分を行うときに定数を失う(定数の微分はゼロだから)のと同様に,積分するときには定数を補わなければならない.

これは不定定数と呼ばれ,通常は大文字の C で表される.

したがって,$2x$ の積分は x^2+C である.

> **例**
>
> $46x$ の積分は,$23(2x)$ の積分と同じ.
> $23(2x)$ の積分 $=23x^2+C$

われわれは C を数として与えることができないので,この積分のことを"不定積分"と呼ぶ.座標が与えられれば,積分は"定積分"となり,C が計算できる.

20・2 積分記号

積分を表す記号は $\int$ である.これは S という文字を引き伸ばしたもので,"足し合わせる(sum up)"という意味である.

$\int$ という記号には,いつも d(と何か)が付随する.この例の場合,dx であり,x に関するという意味である.

前節の例を使うと,$2x$ の x に関する積分は,$\int 2x\, dx$ と書かれ,

$$\int 2x\,\mathrm{d}x = x^2 + C$$

$\int_{2}^{5} f(x)\,\mathrm{d}x$ は，x の関数を，$x=2$ から $x=5$ の間の x に関して積分するという意味である．

関数記号 $(y=f(x))$ を用いて，$\int f'(x) = f(x)$ と書くことができる．こうすると，積分が微分の逆であることが理解できるだろう．$f(x)$ の x に関する微分が $f'(x)$ であったが（19・7節を参照），$f'(x)$ の x に関する積分が $f(x)$ である．

20・3　x^n の積分

x^n の x に関する積分は，

$$\frac{x^{n+1}}{n+1} + C$$

である．積分記号を使うと，この式は次のように書くことができる．

$$\int x^n\,\mathrm{d}x = \frac{x^{n+1}}{n+1} + C$$

> **例**
>
> $y=4x^3$ を x に関して積分したいとする．
>
> $$\int 4x^3\,\mathrm{d}x = 4\frac{x^{3+1}}{3+1} + C = 4\frac{x^4}{4} + C = x^4 + C$$
>
> したがって，この積分は $x^4 + C$ である．

20・4　積分を使った面積計算

直線グラフで，直線の一部より下（x 軸に囲まれた部分）の面積を計算するのは簡単である．

次ページに示すグラフの方程式は，$y = \dfrac{x}{2}$ である．

$x=0$ と $x=10$ の間のこの直線の下の面積（x 軸に囲まれた三角形の部分）は，

$$\frac{\delta y \times \delta x}{2} = \frac{10 \times 5}{2} = 25$$

しかし，曲線の下の面積を求めるには，積分が必要になる．

曲線の下の面積は，曲線を表す方程式の積分になる．

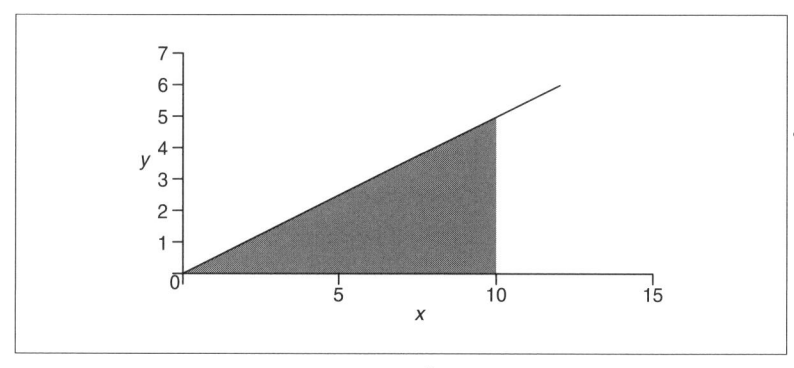

$y=x/2$ のグラフ

曲線 $y=x^n$ の下の面積は，x^n の積分である．この面積を表すのに，大文字の A を用いる．

A は x に関する x^n の積分で，

$$A = \int x^n \, dx = \frac{x^{n+1}}{n+1} + C$$

この積分は，境界として x について二つの値が与えられれば（この場合は $x=0$ と $x=10$），C は消えて，値が確定する．

$$y = \frac{x}{2}$$

については，

$$\int_2^{10} \frac{x}{2} \, dx = \left[\frac{x^{1+1}}{2(1+1)} + C \right]_0^{10} = \left[\frac{x^2}{4} + C \right]_0^{10}$$

ここで使われているブラケット［ ］は，定積分の範囲が与えられている場合に通常使われる表示方法である．

ブラケットの上と下の数字が，積分の範囲を与えるので，式にまず $x=10$ を代入し，次に $x=0$ を代入する．それからこの二つの引き算を行う．

$$\left(\frac{10^2}{4} + C \right) - \left(\frac{0^2}{4} + C \right) = 25 - 0 + C - C = 25$$

このようにして，定積分では C は消えてしまう．

例

次ページに示すグラフの曲線の下の面積は x^2 の積分である．

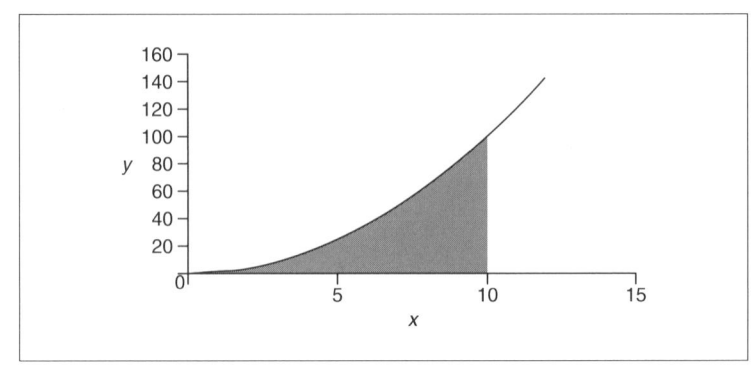

$y=x^2$ のグラフ

$$A = \int x^2 \, dx = \frac{x^{2+1}}{2+1} + C = \frac{x^3}{3} + C$$

図で灰色に塗られた $x=0$ と $x=10$ の間の面積を求めたいとすると,

$$A = \int_1^{10} x^2 \, dx = \left[\frac{x^3}{3} + C\right]_1^{10} = \left(\frac{10^3}{3} + C\right) - \left(\frac{0^2}{3} + C\right) = \frac{10^3}{3} - 0$$

$= 333.33$ (小数点以下 2 桁までで)

$x=1$ と $x=10$ の間の面積を求めたいならば,

$$A = \int_1^{10} x^2 \, dx = \left[\frac{x^3}{3} + C\right]_1^{10} = \left(\frac{10^3}{3} + C\right) - \left(\frac{1^3}{3} + C\right) = \frac{10^3}{3} - \frac{1}{3} = 333$$

20・5 どうしてそのようなことが成り立つのか？

　この節では，曲線の下の部分の面積が，曲線を表す式の積分になることの数学的な証明について説明する．

　次ページに示すグラフで，曲線の下の灰色の細長い領域の面積は，近似的にはこの領域の高さ，y，に二つの境界の x 座標の差，δx，を掛け合わせたものになる．

　したがって，細長い領域の面積は近似的に，

$$y \times \delta x$$

となる．つまり，

$$y \times \delta x \approx \delta A$$

ここでは記号 $\approx$ は，"近似的に等しい" という意味で使われている．

　$x=a$ から $x=b$ までの領域を，無限に細い領域で埋め合わせて，それらの面積を足し合わすことは，数学的には次のように表現される．

20. 積分計算　85

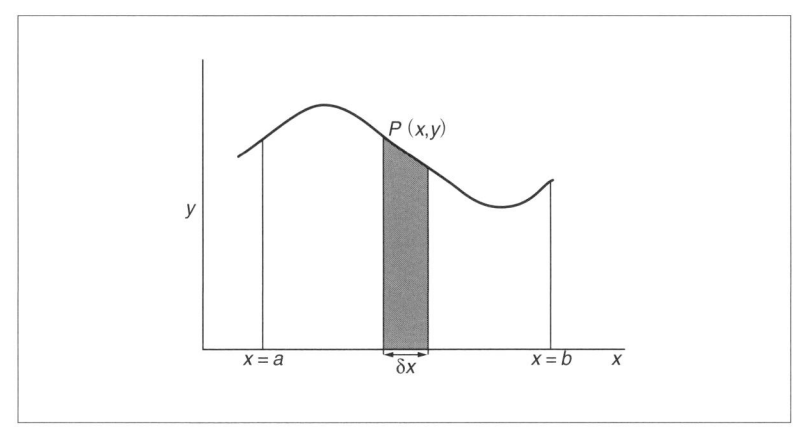

y×δx を示すグラフ

$$A \approx \sum_{x=a}^{x=b} \delta A$$

A は面積であり，$\sum$ 記号はすべて足し合わすことを意味する．記号 $\sum$ の下と上についている $x=a$ と $x=b$ という記号は，$x=a$ から $x=b$ までの細い長い領域すべてについて足し合わすことを意味する．

すでに述べたように，$\delta A \approx y \delta x$ である．

$A \approx \sum_{x=a}^{x=b} \delta A$ のなかの δA を $y \delta x$ で置き換えると，

$$A \approx \sum_{x=a}^{x=b} y \delta x$$

細長い領域の幅，δx，が短くなるにつれて，面積の推定の精度は上がる．

19・6節ですでに lim 記号はおなじみである．

細長い領域の幅が無限に短くなると，つまり $\delta x \to 0$ になると，曲線の下の領域の正確な面積が得られる．

$$A = \lim_{\delta x \to 0} \sum_{x=a}^{x=b} y \delta x$$

$y=f(x)$ だから，A もまた x だけの関数である．

したがって，$\delta A \approx y \delta x$ から，

$$\frac{\delta A}{\delta x} \approx y$$

これもまた，δx が小さくなるにつれて正確になる．

$$\lim_{\delta x \to 0} \frac{\delta A}{\delta x} = y$$

ここで $\lim_{\delta x \to 0} \frac{\delta A}{\delta x}$ は $\frac{dA}{dx}$ だから,

$$\frac{dA}{dx} = y$$

$\frac{dA}{dx} = y$ ならば,

$$A = \int y \, dx$$

つまり,面積は x に関する y の積分である.

したがって,$x=a$ と $x=b$ という境界がある場合は,

$$面積(A) = \int_a^b y \, dx$$

このように,積分は,$x=a$ と $x=b$ という境界の間の曲線の下の面積と考えることができる.

自己診断テスト

答は巻末参照

問 20・1 $y = 7x^4$ を x に関して積分しなさい.

問 20・2 $x=3$ から $x=5$ の間の,下のグラフで示された曲線 $y = 2x^3$ の下の領域の面積を求めよ.

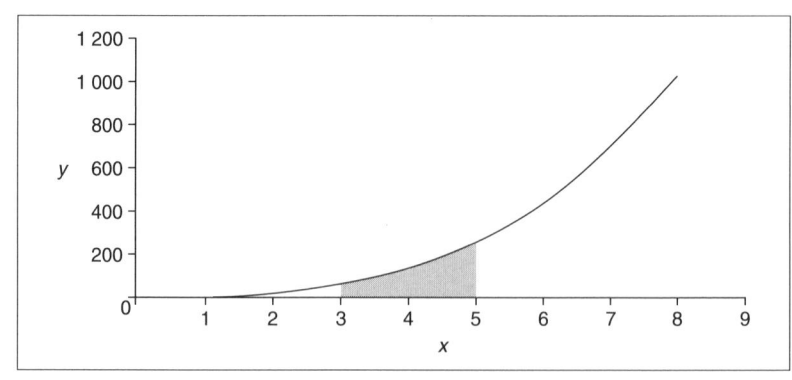

曲線 $y = 2x^3$ のグラフ

21 グラフを使う

　方程式の多くは，特徴的な曲線を表すので，グラフを描いてみることは，二つの変数の間でどのような関係が成り立っているかを決めるのに役立つ．

21・1　グラフの名前

グラフをプロットする際の一般的な注意はつぎの通りである．
- 軸には必ず変数の名前を書く．
- 名前のあとに単位を括弧に入れてつける．たとえば，時間（分）のように．
- グラフのタイトルをつける．

21・2　散 布 図

　7章で表データからグラフをプロットする基礎を学んだ．
　二つのデータセットの間に関係があるかどうかを調べる一つの方法が，**散布図**，つまりすべてのデータを一つ一つの点で表したグラフ，を描くことである．
　x軸，y軸の変数が**連続的**（座標の中間的な値をとることができる）な場合に散布図を使うことができる．
　連続的な変数とは，たとえば時間や距離などである．
　もしもなんらかのパターンがありそうならば，プロット上の点をつなぎ合わすことができる．

> **例**
>
> 下の表では，細菌の数を時間の関数として与えてある．
>
> 培養細菌の増殖を表す表
>
> | 時間（分） | 0 | 10 | 25 | 45 | 60 | 75 | 100 | 120 |
> |---|---|---|---|---|---|---|---|---|
> | 細菌の数 | 470 | 650 | 1 030 | 1 900 | 3 040 | 4 830 | 10 500 | 19 500 |
>
> データは実質上連続的である．
> ・時間は連続的．
> ・細菌の数に関しては，1個の細菌の半分はありえないが，細菌の数は非常に多いので，連続的な量として扱っても差し支えない．

したがって散布図を使うことができ，明らかなパターンがみられるので，点を結ぶ線を引くことができる．

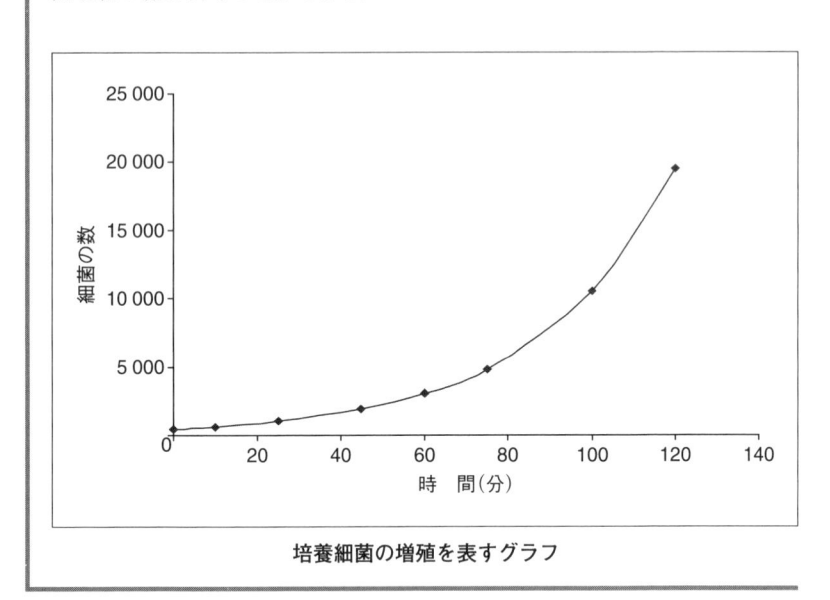

培養細菌の増殖を表すグラフ

21・3　グラフと変数の型

連続変数は与えられた範囲のどんな値もとりうる変数だから，われわれが引いた線から情報を得ることができる．上の例では，90 分後のデータはないが，われわれはその時点での細菌数を推定することができる．

特定な値しかとらない**カテゴリー変数**や，カテゴリーに順序関係のない**名義変数**などの場合，散布図上の点の間に線を引くことはできない．

データが**離散的**（不連続で中間的な値は意味をもたない）な場合，あるいは，同じ特徴だが異なるカテゴリーを示す**カテゴリー変数**は，散布図上の点の間に線を引くことはできない．

例

連続した 7 日間に，骨折で入院した患者の数

1 週間の入院患者数の表

日	1	2	3	4	5	6	7
骨折による入院患者数	5	4	6	7	8	5	4

1人の患者の半分はあり得ないので，データは離散的であり，散布図を描くことはできるが，点の間に線を引くことはできない．

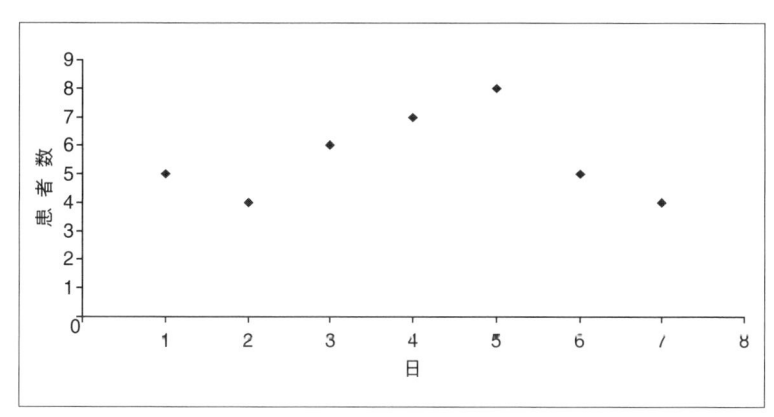

1週間の入院患者数のグラフ

点の間を線で結ぶことはできないので，これらのデータをわかりやすく表示するには，棒グラフを用いるのがよい．

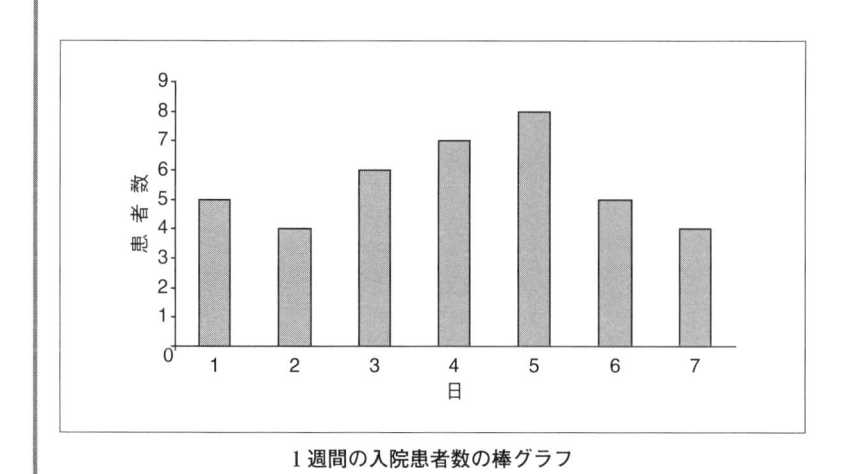

1週間の入院患者数の棒グラフ

21・4 回帰曲線

生物データを集めてプロットするとき，それらのデータは通常"正確な"数学的な関係（たとえば直線関係）には従わない．集団の変動やデータをとる際

の誤差などがあるからである．

しかし，データがある数学的な関係を表しているように思われるならば，グラフ上の点のプロットになるべくよく一致する1本の曲線を引いてみて，そのような関係がありそうかどうか確かめることができる．

そのような曲線のことを，**回帰曲線**というが，これはプロットされた点の傾向を最もよく表現する曲線である．

もしもこれが直線であれば，これを用いて傾きを計算することができる．

例

10匹のマウスの尾長と体長の関係は以下のようである．

体長（mm）	92	97	96	99	100	111	109	115	120	122
尾長（mm）	31	32	35	36	40	43	44	49	49	52

これらのデータの散布図を描くと，体長と尾長の関係がわかる．

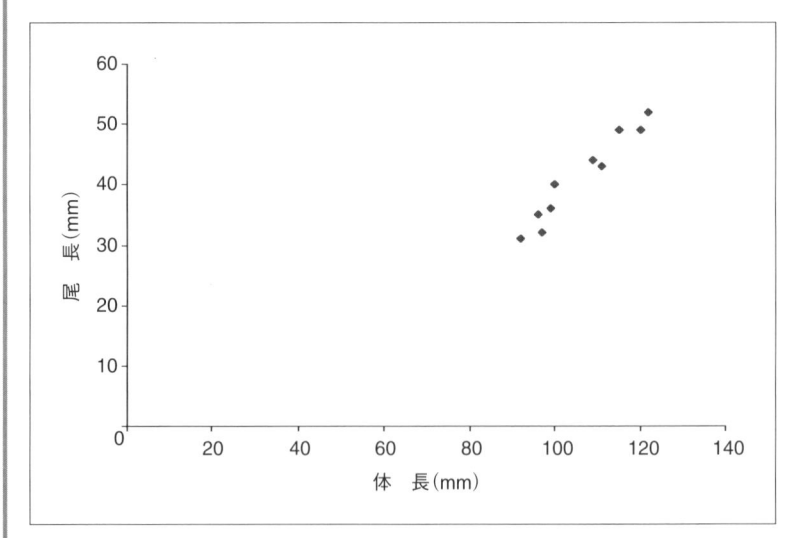

10匹のマウスの体長と尾長の関係を示すグラフ

このグラフから，マウスの体長と尾長の間に線形の（直線的な）関係があることをみてとれる．つまり，$y = mx + c$ のパターンに従っているように思われる．

例

先の散布図の回帰直線を引くと，次のようになる．

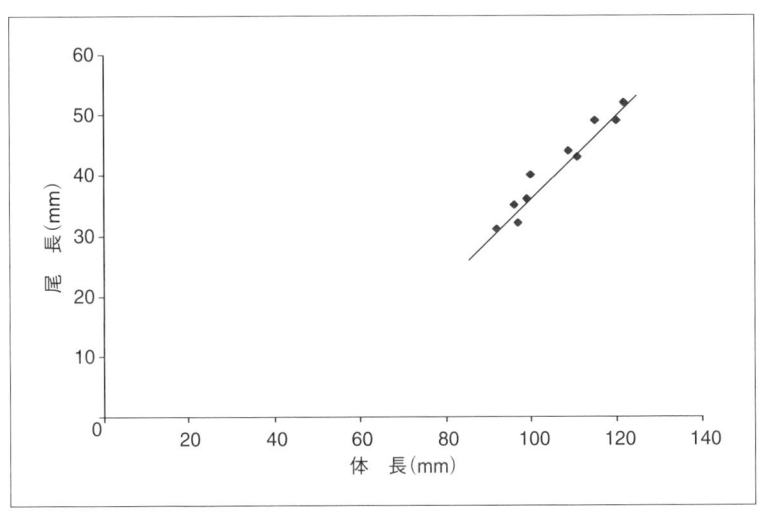

10 匹のマウスの体長と尾長の関係を示すグラフ

ここで x（体長）の 30 mm の変化が，y（尾長）の約 21 mm の変化を生み出す．

$$傾き = \frac{y の変化}{x の変化}$$

つまり，

$$傾き = \frac{y_2 - y_1}{x_2 - x_1}$$

だから，傾きは近似的に，

$$\frac{21}{30} = 0.7$$

となり，グラフの方程式は $y \approx 0.7x + c$ となる．

次ページに示す図のように回帰直線を y 軸と交差するまで伸ばすと，c の値を得ることができる．

回帰直線が y 軸と $y = -35$ で交差するから，マウスの体長と尾長の関係を表す式は，

$$y \approx 0.7x - 35$$

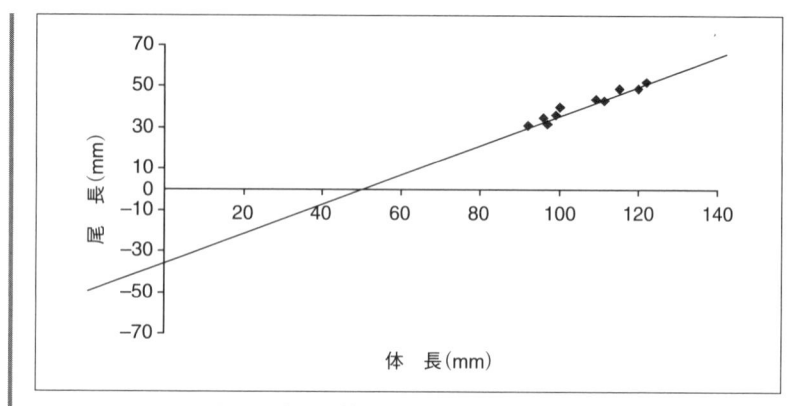

10匹のマウスの体長と尾長の関係を示すグラフ

となる．明らかに，負の長さの尾のマウスはありえないから，正の範囲でしか尾長を予測することはできない．

42章で回帰直線を描く方法を説明する．

21・5 二次の関係

12章で**二次方程式**には二つの解があり，二次方程式は次式のように表されることを学んだ．

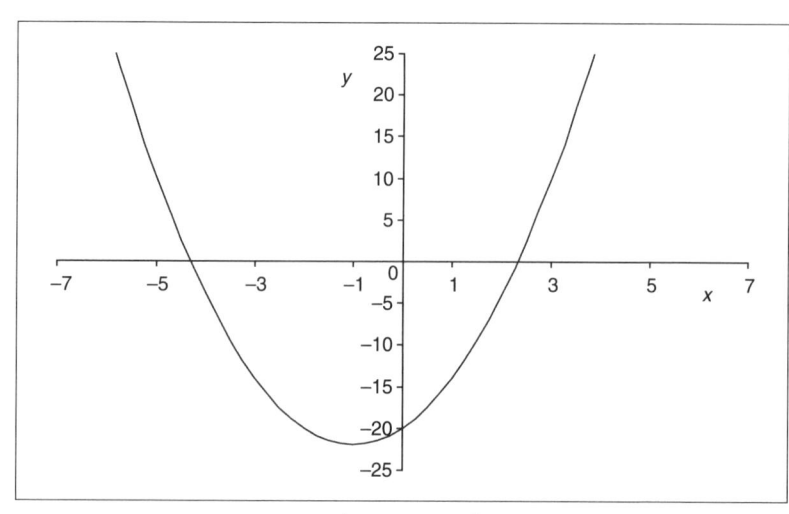

$y=2x^2+4x-20$ のグラフ

$$ax^2+bx+c=0$$

二次方程式は対称的な∪型,あるいは$-ax^2$のように2次の係数が負の場合には対称的な∩型になる.

> **例**
>
> 前ページの下に示すグラフは対称的な∪型であり,xとyの間に2次的な関係がある.
> これは二次方程式,
> $$y=2x^2+4x-20$$
> のグラフである.この曲線はy軸とは,方程式の定数-20のところで交わる.

21・6 三次的関係

最大のべきが**三次**の項を含む多項式は,回転させた逆S字形あるいはS字形になる.

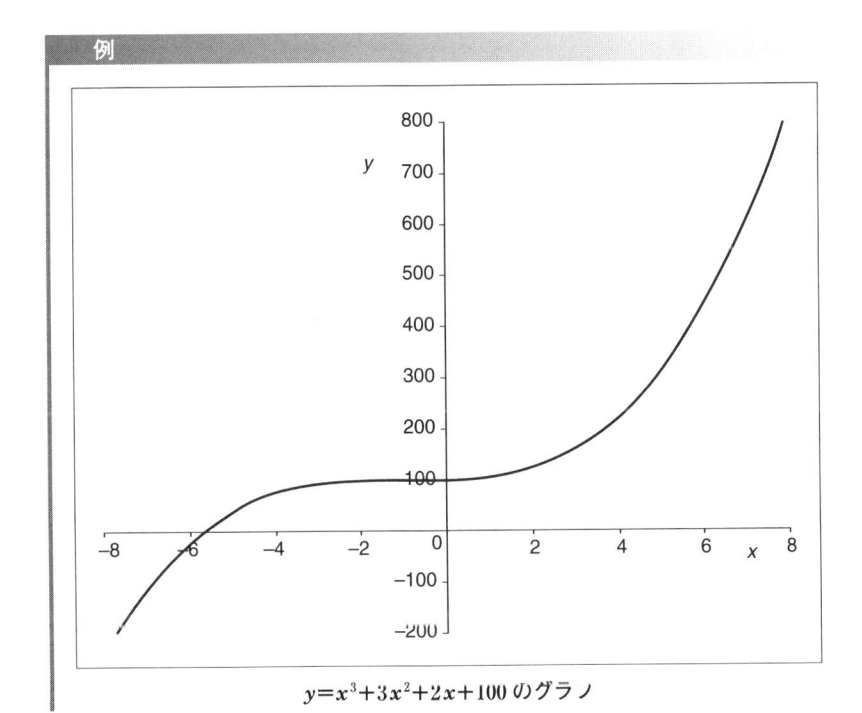

> **例**
>
> $y=x^3+3x^2+2x+100$ のグラフ

これは三次式 $y = x^3 + 3x^2 + 2x + 100$ のグラフである.

21・7 漸近線を示唆するグラフ

漸近線とは,関数の曲線と交わらないが,限りなくそれに近づく直線のことである.

漸近線をもつようにみえるグラフをプロットすると,二つの変数の間の関係に関する情報を得ることができる.

例

26・3節で酵素反応のミカエリス–メンテンの式を扱う.
ここでは基質濃度 [S] と反応速度 V の間の関係を示すこの式のグラフのパターンだけを示しておく.

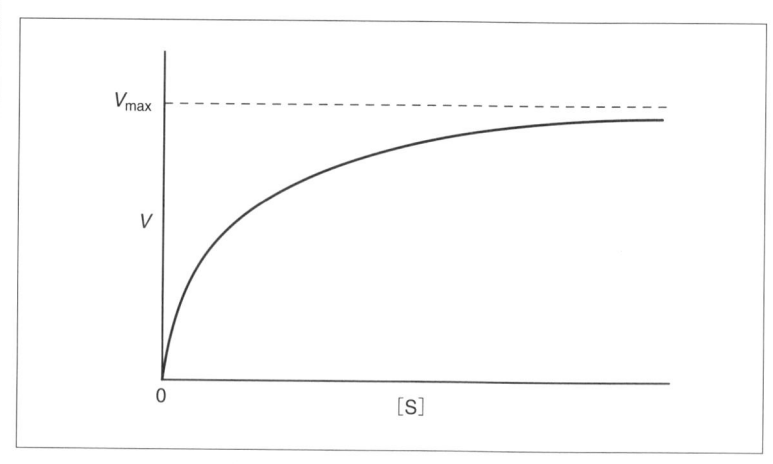

ミカエリス–メンテンの式のグラフ

この場合,反応速度は最大値 V_{max} に達することはないので,最大速度は漸近的なものである.このようなパターンのグラフは $y = \dfrac{1}{ax} + b$ という式に従う.

21・8 指数的な関係

指数的な関係に関する章で,指数的な増加は $y = a^x$ で表されることをみた.

指数的増加のグラフは，右のほうに限りなく上がっていく特徴をもつ．

例

ライムギの種子20個を蒔いて，最適条件で栽培し，毎月実生（種子から育った苗）の数を数えた．

時間（月）	0	1	2	3	4	5	6
実生の数	20	35	61	105	188	320	557

グラフにプロットすると，次のような曲線になる．

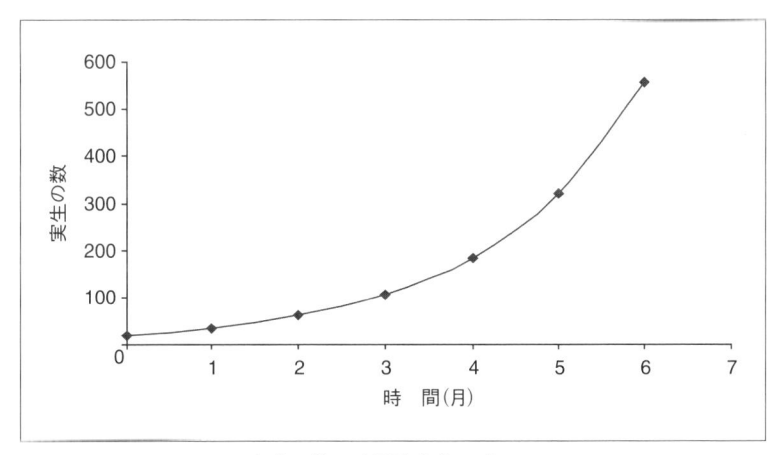

実生の数の時間的変化のグラフ

グラフは指数的にみえる．このことを調べるために，
- 一方が対数目盛でもう一方が普通の目盛の半対数方眼紙にプロットするか，あるいは，
- 普通の方眼紙で，時間に対して実生の数の自然対数，記号では ln（実生の数）と書く，をプロットする．

予想したように，指数的な関係であれば，プロットは直線に**変換**されるだろう．

次のグラフでは，y 軸が対数目盛になっていることに注意しよう．つまりそれぞれの単位が，一つ下の単位の10倍になっている．x 軸の目盛は普通である．これは半対数方眼紙と呼ばれるものである．

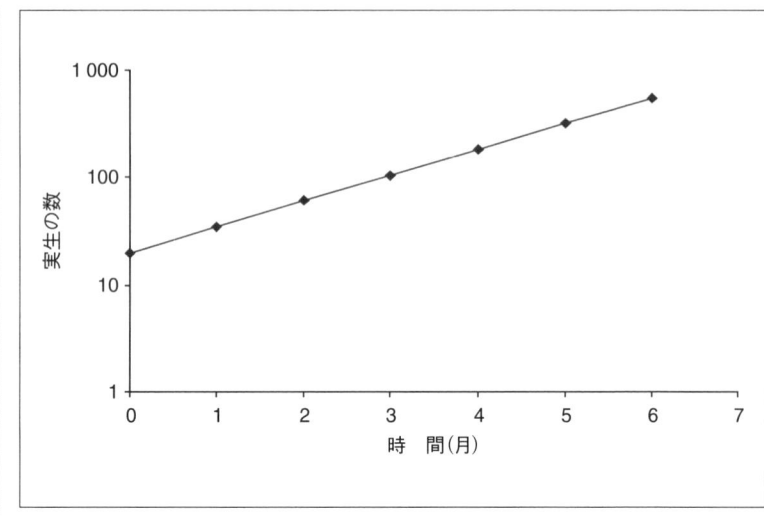

実生の数の時間的変化のグラフ

確かに半対数方眼紙にプロットすると直線になるので,指数的な関係が確かめられたことになる.

同じような方法が,指数的な減衰を調べるのにも使うことができる.

例

Staphylococcus aureus という細菌を除くために,ニワトリの飼料を 60 ℃ に熱する.次の表は,時間とともに生き残った細菌の数がどのように変化するかをみたものである.

ニワトリの飼料中の細菌数の時間的変化を示す表

時間(分)	0	3	6	9	12
細菌数(mm^{-3})	3×10^6	8.4×10^5	1.9×10^5	5.4×10^4	1.4×10^4

この表をグラフにしたものが次ページの上の図である.

われわれは,これが負の指数関数になっているかどうかを知りたい.

今度は,半対数方眼紙を使う代わりに,細菌数を自然対数に変換してみよう.つまり,次に示す表のように ln(細菌数) を計算する.

21. グラフを使う　97

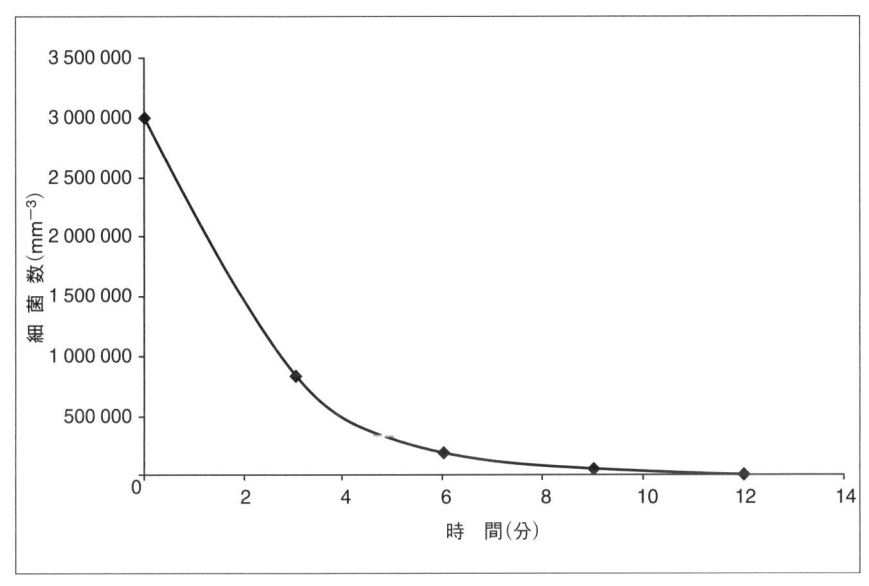

ニワトリの飼料中の細菌数の時間的変化を示すグラフ

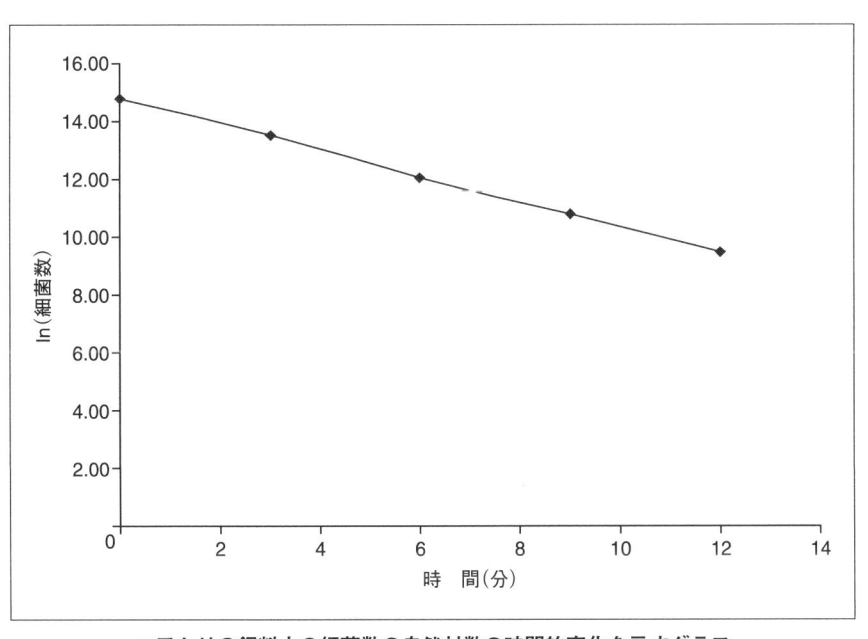

ニワトリの飼料中の細菌数の自然対数の時間的変化を示すグラフ

ニワトリの飼料中の細菌数の自然対数の時間的変化を示す表

時間（分）	0	3	6	9	12
細菌数(mm^{-3})	3×10^6	8.4×10^5	1.9×10^5	5.4×10^4	1.4×10^4
ln（細菌数）	14.91	13.64	12.15	10.90	9.55

　これをプロットしたもの（前ページ下）は直線になり，その傾きは負だから，細菌数と時間の関係は指数的減衰の関係である．

数学応用編

22 SI単位（国際単位系）

われわれが扱うデータは，それについての解析に入る前に，なるべく **SI 単位**（国際単位系，Système International d'Unités）に直しておくべきである.

生命科学や医科学でよく用いられる基本的な SI 単位を単位記号と一緒に以下に示す.

SI 単位の表

量	SI 単位	単位の記号
質量	キログラム	kg
長さ	メートル	m
時間	秒	s
温度	ケルビン（絶対温度）	K
物質量	モル	mol

他の SI 単位もすべて，これらから導かれるものである.

> **例**
>
> 力の単位（ニュートン，N）は $kg\,m\,s^{-2}$ と定義される.

22・1 大きな数あるいは小さな数の SI 単位

大きな数あるいは小さな数の量を表すのに，10 の累乗を使う代わりに**倍数**

倍数接頭語と略号の表（その1）

倍数接頭語	略号	10の累乗
エクサ	E	10^{18}
ペタ	P	10^{15}
テラ	T	10^{12}
ギガ	G	10^{9}
メガ	M	10^{6}
キロ	k	10^{3}

接頭語を使うことができる．それぞれの接頭語は 1 000 倍ずつの因数を意味する．

倍数接頭語と略号の表（その 2）

倍数接頭語	略号	10 の累乗
ミリ	m	10^{-3}
マイクロ	μ	10^{-6}
ナノ	n	10^{-9}
ピコ	p	10^{-12}
フェムト	f	10^{-15}
アト	a	10^{-18}

しかし，計算するときには，標準型の SI 単位に変換しておく必要がある（5・2 節参照）．

例

$12 \text{ km} = 1.2 \times 10^4 \text{ m}$

$0.78 \text{ nm} = 0.78 \times 10^{-9} \text{ m} = 7.8 \times 10^{-10} \text{ m}$

$13.7 \text{ μg} = 13.7 \times 10^{-6} \text{ kg} = 1.37 \times 10^{-5} \text{ kg}$

22・2　SI 単位でない単位の使用

次のような SI 単位でない単位の使用も認められている．

よく用いられる SI 単位でない単位の表

名　前	記号	SI 単位での値
セルシウス温度	℃	$0 \text{ ℃} = 273.15 \text{ K}$
リットル	l	$1 \text{ l} = 1 \times 10^{-3} \text{ m}^3$
グラム	g	$1 \text{ g} = 1 \times 10^{-3} \text{ kg}$
オングストローム	Å	$1 \text{ Å} = 10^{-10} \text{ m}$
分（時間）	min	$1 \text{ min} = 60 \text{ s}$
時　間	h	$1 \text{ h} = 3 600 \text{ s}$
日	d	$1 \text{ d} = 86 400 \text{ s}$

セルシウス温度℃を絶対温度Kに変換する式は，℃=K-273.15 である．しかし，1℃の温度変化は，1Kの変化と同じである．

自己診断テスト

答は巻末参照．

問22・1 ヒトの細胞1個の中にあるDNAの質量を量ったところ，5.5 pgであった．この値を標準的なSI単位で表しなさい．

問22・2 疫学者が，長さ5 km，幅6 kmの広さの地域の集団の調査を行っている．この地域の面積を標準的なSI単位で表しなさい．

問22・3 凍結細胞が-40.5℃で保存されている．この温度を絶対温度（ケルビン温度）で表しなさい．

23 モル

モルは生化学で基本的な単位である．

23・1 分子の質量

分子量（MMという記号で表す）は，分子1個の質量を**ドルトン**（ダルトンともいう）単位（記号Da）で表したものである．1ドルトンは，炭素原子の中で最も自然界に多い同位体 ^{12}C（炭素12）1原子の質量の12分の1である．

原子量は，1原子の質量をドルトンで表したものである．したがって，分子量はその分子を構成している原子の原子量を合計したものである．

> **例**
>
> | | |
> |---|---:|
> | ナトリウム（Na）の原子量 | 22.99 Da |
> | 塩素（Cl）の原子量 | +35.45 Da |
> | 塩化ナトリウム（NaCl）の分子量 | 58.44 Da |

23・2 相対分子質量

相対分子質量（記号 M_r）は，^{12}C 1原子の質量の12分の1を単位としたものである．したがって，M_r は無名数であって，単位はない．

> **例**
>
> あるタンパク質の分子量が10 000 Daであった．これを10 kDaと書くこともできる．このタンパク質の相対分子質量 M_r は，10 000である．

23・3 モル

1モルの厳密な定義は，^{12}C（炭素12）0.012 kgの中の原子の数と同じ数の原子，分子，イオン，などの基本的な粒子を含む物質の量のことである．記号では，"mol"と書く．

0.012 kgの炭素12には，6.022×10^{23} 個の原子が含まれるので，どんな物質

でも1モルには 6.022×10^{23} 個の粒子が含まれる．

6.022×10^{23} という値は，"アボガドロ数"という．

生命科学や医科学でモルが最もよく使われるのは分子に関係していることについて述べるときであり，たとえばグルコース1モルは 6.022×10^{23} の分子を含むなどという．化合物の1モルの質量は，その化合物の相対分子質量をグラムで表したものになる．

例

グルコースの相対分子質量は180.18であるから，グルコース1モルの質量は180.18 g である．

23・4 試料のモル数の計算

試料のモル数を計算する式は，
$$モル数 = \frac{試料の質量（g）}{相対分子質量}$$

例

360.36 g のグルコースは，
$$\frac{360.36 \text{ g}}{180.18} = 2 \text{ mol}$$

23・5 モル濃度

溶液の**濃度**は体積当たりの物質の量で定義される．
$$濃度 = \frac{量}{体積}$$

溶液の**モル濃度**（単位は M）は，リットル当たりのモル数で表された濃度である．
$$M = \frac{モル数}{体積（l）} = \frac{質量（g）}{相対的分子量 \times 溶液の体積（l）} \text{ mol l}^{-1}$$

溶液が1リットル中に1モルの化合物を含むとき，"1モル濃度"（1 M）の溶液であるという．

例

NaCl の 1 M 溶液は，58.44 g l^{-1} の NaCl を含む．

23・6 与えられたモル濃度の溶液をつくる

与えられたモル濃度の溶液をつくるために，どれだけの質量の化合物を用意しなければならないかを次のように計算することができる．

物質の質量（g）＝相対分子質量×モル濃度（M）×必要な溶液の体積（l）

> **例**
>
> 500 ml（0.5 l）の 3 M の NaCl 溶液を準備する場合．
> 　　必要な NaCl の質量 ＝ 58.44×3 M×0.5 l ＝ 87.66 g
>
> モルは SI 単位だが，歴史的な経緯から，モルとモル濃度は，SI 単位ではないグラム（g）とリットル（l）から導かれる．

23・7 溶液の希釈

貯蔵してある溶液を希釈するための計算は次の式を使って行う．

$$\frac{\text{新しい溶液の必要なモル濃度（M）}}{\text{貯蔵してある溶液のモル濃度（M）}} = \frac{\text{貯蔵してある溶液の必要な体積（l）}}{\text{新しい溶液の必要な体積（l）}}$$

> **例**
>
> 2 M の硫化銅（$CuSO_4$）溶液から 200 ml の 0.4 M $CuSO_4$ 溶液をつくりたい．
>
> $$\frac{0.4 \text{ M}}{2 \text{ M}} = \frac{\text{必要な体積（ml）}}{200 \text{ ml}}$$
>
> 必要な体積（ml）＝ $\frac{0.4 \times 200}{2} = \frac{80}{2} = 40$ ml
>
> つまり，40 ml の 2 M $CuSO_4$ 溶液を水で希釈して 200 ml にすれば，0.4 M の溶液になる．

貯蔵溶液を希釈するための別の計算の仕方は次のようなものである．

$$C_1 V_1 = C_2 V_2$$

ここで，C_1 が貯蔵溶液の濃度，V_1 が必要な貯蔵溶液の体積，C_2 が必要な新しい溶液の濃度，V_2 が新しい溶液の必要な体積である．

> **例**
>
> 2 % グルコース溶液 50 ml をつくるのに必要な 10 % グルコース溶液の量を計算するには,
>
> $$10\ \% \times V_1 = 2\ \% \times 50\ \text{ml}$$
>
> $$V_1 = \frac{2 \times 50}{10} = 10\ \text{ml}$$
>
> したがって, 10 % グルコース 10 ml が必要であり, これを水で希釈して 50 ml にすればよい.

23・8 パーセント溶液

パーセント(記号"%")を溶液に用いる場合に,これだけでは,**%w/w**(質量/質量パーセント)なのか,**%w/v**(質量/体積パーセント)なのか,**%v/v**(体積/体積パーセント)なのかわからない.

これがはっきり定義されていない場合には,通常は**%w/v**,つまり 100 ml 当たりのグラム数である.

> **例**
>
> 2 M の NaCl 溶液の濃度を,%w/v で計算するには,NaCl の相対分子質量を知らなければならないが,これは 58.44 である.
>
> したがって, 2 M の NaCl 溶液 1 リットルの中の NaCl の量は,
>
> $$2 \times 58.44 = 116.88\ \text{g}$$
>
> 100 ml 中では,
>
> $$116.88 \times \frac{100}{1000} = 11.7\ \text{g}$$
>
> すなわち, 2 M の NaCl 溶液は, 11.7 %w/v の NaCl 溶液と同じである.

同様に,パーセント値をモル濃度に変換することもできる.

> **例**
>
> 5 %w/v の NaCl 溶液を,モル濃度で表すには,まずリットル当たりの質量を計算する.
>
> $$5\ \%\text{w/v NaCl} = \frac{5\ \text{g}}{100\ \text{ml}} = 50\ \text{g l}^{-1}$$

NaClの相対分子質量は58.44だから,

$$50\,\mathrm{g\,l^{-1}} = \frac{5\,\mathrm{g}}{58.44} = 0.86\,\mathrm{M}$$

5%w/vのNaCl溶液は,したがって0.86 M溶液と同じである.

23・9 規定度

1規定液(1N)は,酸の場合は1リットル当たり1モルの水素イオン(H^+)を含み,アルカリの場合は1リットル当たり1モルの水酸化物イオン(OH^-)を含む.

規定度とモル濃度は次のような関係にある.

$$N = nM$$

ここで,Nは規定度,nは分子当たりのH^+イオン(アルカリの場合はOH^-イオン)の数,Mはモル濃度である.

例

硫酸はH_2SO_4分子当たり,置換基としてH^+イオンを2個もっている.したがって,3 Mの硫酸溶液の規定度を計算するには,

$$規定度 = nM = 2 \times 3 = 6\,N$$

3 Mの硫酸溶液の規定度は,6 Nになる.

自己診断テスト

答は巻末参照.

問23・1 グルコースの相対分子質量は180.18である.450.45gのグルコースは,何モルになるか.

問23・2 尿酸は$C_5H_4N_4O_3$である.構成している原子の質量は次の通りである.

炭素(C)	12.01 Da
水素(H)	1.01 Da
窒素(N)	14.01 Da
酸素(O)	16.00 Da

尿酸の分子量はいくらか.

問23・3 グルコースの分子量は180.18 Daである.0.5 Mの水溶液200 mlに含まれるグルコースの質量はいくらか.

問 23・4 1 M の NaCl 水溶液 500 ml から,0.25 M の水溶液をどれだけつくれるか.

問 23・5 グルコースの分子量は 180.18 Da である.5 %w/v 水溶液のモル濃度はいくらか.

24 pH

水素イオン濃度の尺度である pH は，酸性度の尺度でもある．

24・1 pH と水素イオン濃度

水の中では，常に水分子のいくつかは，水酸化物イオン OH^- と水素イオン H^+ に分かれている（"解離"という）が，それらはまたすぐに結合して，H_2O に戻る．

このことは，次の化学反応式で表される．

$$H_2O \rightleftarrows H^+ + OH^-$$

実際には，水素イオンはほかの H_2O 分子に結合して，オキソニウムイオン（H_3O^+）になる．

$$H_2O + H_2O \rightleftarrows H_3O^+ + OH^-$$

しかし，通常は，H_3O^+ イオンよりも，水が解離して H^+ イオンができると考えるほうが便利である．

pH は溶液中の H^+ イオン濃度の尺度である．これは水素イオン濃度の対数であり，次のように定義される．

$$pH = -\log[H^+]$$

ブラケットはモル濃度で表した濃度であるから，$[H^+]$ は水素イオンのモル濃度である．

例

純粋な水の H^+ イオン濃度は，10^{-7} M だから，

$$pH = -\log[H^+] = -\log 10^{-7} = -(-7) = 7$$

したがって，純粋な水の pH は 7 である．

24・2 イオン積

水溶液の中では，水素イオン濃度と水酸化物イオン濃度の積は常に一定である．

$$[H^+][OH^-] = 10^{-14}$$

この定数は水の**イオン積** K_w と呼ばれ，アルカリ溶液の pH を決めるのに役立

つ.

> **例**
>
> 水酸化ナトリウム NaOH は，非常に強い塩基であり，ほとんどが OH⁻ イオンに解離している．
>
> 1 M の NaOH 溶液では，したがって OH⁻ イオン濃度も 1 M であり，$[OH^-] = 1$ である．
>
> この値を $[H^+][OH^-] = 10^{-14}$ に代入すると，
> $$[H^+][OH^-] = [H^+] \times 1 = 10^{-14}$$
> したがって，
> $$[H^+] = 10^{-14}$$
> $$pH = -\log[H^+] = -\log 10^{-14} = 14$$
> こうして，1 M の NaOH 溶液の pH は 14 になる．

24・3 酸と塩基

酸の定義の仕方にはいろいろあるが，とりあえず解離して水素イオンをつくる物質であると理解しておけばよいだろう．この定義に従えば，

$$HA \rightleftarrows H^+ + A^-$$

ここで，HA は酸，A⁻ は共役塩基である．

この反応の平衡定数は，"酸解離定数"と呼ばれ，K_a で表す．

$$K_a = \frac{[H^+][A^-]}{[HA]}$$

強酸は完全に解離（完全に"イオン化"）したところで平衡に達するので，K_a は大きな値になる．弱酸はイオン化した分子の割合が低いので，K_a は小さな値になる．

酸の pK_a は，K_a の対数にマイナスをつけたものとして次のように定義される．

$$pK_a = -\log_{10} K_a$$

> **例**
>
> 酢酸の K_a は 1.78×10^{-5} mol l⁻¹ である．
> pK_a は，
> $$-\log_{10} K_a = -\log(1.78 \times 10^{-5}) = 4.75$$

H⁺ イオンを受け入れる塩基 B⁻ に対する式は,
$$B^- + H^+ \rightleftharpoons BH$$
ここで, B⁻ が塩基で, BH がそれの共役酸である.

ここで, 平衡定数 K_a は次のように表される.
$$K_a = \frac{[H^+][B^-]}{[BH^+]}$$

再び $pK_a = -\log_{10} K_a$ となる.

自己診断テスト

答は巻末参照.

問 24・1 塩化水素 HCl は, H⁺ イオンと Cl⁻ イオンにほとんど完全に解離する. 0.1 M の HCl 溶液の pH はいくらか.

問 24・2 0.1 M の NaOH 溶液の pH はいくらか.

問 24・3 アンモニアの pK_a は 9.25 である. アンモニアの K_a はいくらか. 電卓を使って計算せよ.

25 緩衝液

pH 緩衝液は，酸や塩基が加えられても，pH が変化しないよう，与えられた値に保つためのものである．

25・1 緩衝液をつくる

緩衝液のつくり方には二通りある．

一つの方法は，弱酸（あるいは弱塩基）を強塩基（あるいは強酸）で部分的に中和するやり方である．これを**滴定**という．

もう一つの方法は，弱酸（あるいは弱塩基）をそれの共役酸（あるいは共役塩基）に混ぜ合わすやり方である．

25・2 緩衝液の pH の計算

ヘンダーソン–ハッセルバッハの式は，緩衝液の濃度と pH の関係を与えるものである．

$$\mathrm{pH} = \mathrm{p}K_a + \log \frac{[\mathrm{A}^-]}{[\mathrm{HA}]}$$

ここで，$[\mathrm{A}^-]$ は共役塩基の濃度，$[\mathrm{HA}]$ は酸の濃度である．

このヘンダーソン–ハッセルバッハの式を使って，緩衝液の pH を計算することができる．

例

トリス塩酸塩（トリス HCl, 共役酸）をトリス塩基（共役塩基）と混ぜて緩衝液をつくりたい（トリス（tris）はトリス(ヒドロキシメチル)アミノメタンの略称）．

トリス HCl の $\mathrm{p}K_a$ は 8.3 である．

250 ml の 1 M トリス HCl を 750 ml の 1 M トリス塩基と混ぜたら，酸と塩基のモル濃度はそれぞれ 0.25 M, 0.75 M になる．

$$\mathrm{pH} = \mathrm{p}K_a + \log \frac{[\mathrm{A}^-]}{[\mathrm{HA}]} = 8.3 + \log \frac{0.75}{0.25} = 8.3 + 0.477 = 8.777$$

したがって，でき上がった緩衝液の pH は，有効数字 2 桁で，8.8 になる．

25・3　与えられた pH を実現するための滴定の計算

ヘンダーソン-ハッセルバッハの式を使って，与えられた pH の値を実現するための滴定の計算をすることもできる．

> **例**
>
> 酢酸は pK_a が 4.75 の弱酸である．これの共役塩基は酢酸イオンである．この二つを混合すると，"酢酸緩衝液"ができる．
>
> pH 5.0 の酢酸緩衝液を調合したいとする．
>
> ヘンダーソン-ハッセルバッハの式を使って，酸とそれの共役塩基の必要な比を計算する．
>
> $$\text{目的とする pH} = 5.0 = 4.75 + \log \frac{[\text{A}^-]}{[\text{HA}]}$$
>
> したがって，
>
> $$\log \frac{[\text{A}^-]}{[\text{HA}]} = 5.0 - 4.75 = 0.25$$
>
> $$\frac{[\text{A}^-]}{[\text{HA}]} = 1.778$$
>
> したがって，必要な酢酸塩と酢酸の比は，有効数字 2 桁で，1.8 対 1 になる．

ヘンダーソン-ハッセルバッハの式は使う酢酸と酢酸イオンの正確な量を教えてくれるわけではなく，単にその比を示すだけである．

この例における塩基と酸の比の 1.8 は，1 M の酢酸ナトリウム 1.8 リットルと 1 M の酢酸 1 リットルを混合することによってできる．

自己診断テスト

以下の問に答えるには，電卓が必要であろう．答は巻末参照．

問 25・1　トリス HCl の pK_a は 8.3 である．1 M のトリス HCl, 300 ml を 1 M のトリス塩基, 200 ml と混合したら，pH はいくつになるか．

問 25・2　2-エチルマロン酸の pK_a は 7.2 である．1 M の 2-エチルマロン酸と 1 M の共役塩基があった場合，pH 7.4 の緩衝液 1 リットルを調合するには，それぞれどれだけの量が必要か．

26 反応速度論

反応速度論は変化を測る科学である．生命科学や医科学では，それは通常，**酵素反応速度論**のことであり，酵素による反応を研究するものである．

酵素は，恒常性（ホメオスタシス）を保つための多くの化学反応を支える**生物学的な触媒**である．生命活動の最も重要なプロセスは，酵素の活動に依存している．

26・1 化学反応速度

化学反応速度は，ある与えられた時間で，**生成物**に変換される**反応物**の数で表される．反応速度は，次のようなものに依存する．

- 反応にかかわる化合物の濃度
- その反応の**速度定数**

化合物 A（**反応物**）が B（**生成物**）に変換される反応は，次のように書くことができる．

$$A \longrightarrow B$$

この正反応の速度は，A のモル濃度（記号 [A] で表す）と**正反応速度定数**，k_{+1}，の積に等しい．

常に，化合物 B の一部は逆反応で化合物 A に戻っている．

$$A \longleftarrow B$$

この逆反応の速度は，B のモル濃度，[B]，と**逆反応速度定数**，k_{-1}，の積に等しい．

正反応の速度が逆反応の速度に等しいとき，反応は**平衡**にあるという．二つの化合物，A と B が平衡にあるとき，二つの化合物の濃度の比が反応の**平衡定数**であり，K_{eq} という記号で表される．それはまた，二つの速度定数の比とも等しい．したがって，

$$K_{eq} = \frac{[B]}{[A]} = \frac{k_{+1}}{k_{-1}}$$

化学反応では，反応物の濃度が高ければ高いほど，反応は速くなる．つまり，

$$反応速度 \propto [A]$$

記号 $\propto$ は，"比例"を意味する（7・4 節参照）．

反応速度には上限がない．

26・2 酵素反応速度論

酵素によって触媒される反応では，反応物は**基質**と呼ばれる．基質と生成物の濃度は，通常，酵素濃度の数千倍も高い．したがって，それぞれの酵素分子は，多くの基質分子の変換を触媒している．

基質は，酵素の**活性部位**と呼ばれる特定の場所に結合し，**酵素-基質**（**ES**：enzyme-substrate）複合体と呼ばれる一時的な状態をつくる．

ES 複合体が**解離**すると反応生成物が放され，酵素は別の基質と結合できるようになる．この過程は次のように表される．

$$E + S \longrightarrow ES \longrightarrow E + P$$

一部の ES は，E+S に戻ることもあるので，もっと正確な表現は，

$$E + S \rightleftarrows ES \longrightarrow E + P$$

これら三つの反応の速度定数は，k_1，k_{-1}，k_2 であり，

$$E + S \underset{k_{-1}}{\overset{k_1}{\rightleftarrows}} ES \overset{k_2}{\longrightarrow} E + P$$

ミカエリス定数 K_M は，次のように定義される．

$$K_M = \frac{(k_{-1} + k_2)}{k_1}$$

酵素の K_M が大きければ，その酵素は基質と弱くしか結合しないことを意味する．基質との**親和性**が弱いということである．

逆に K_M が小さければ，基質との親和性が強い．

26・3 ミカエリス-メンテンの式

非酵素的な反応では，反応物の濃度が高ければ高いほど，反応速度は速くなることをみた．反応速度に上限はないのである．

ところが，酵素反応ではあまり反応速度 V が高くなると，反応物の濃度 [S] が増えても反応速度がそれ以上に増えなくなる．反応速度の上限，V_{max} に達したということである．

ミカエリス-メンテンの式は，反応速度 V を基質濃度 [S]，ミカエリス定数 K_M，最大反応速度 V_{max} と関係づける式であり，次のように表される．

$$V = \frac{V_{max}[S]}{K_M + [S]}$$

反応速度が V_{max} の半分のとき，この式は次のようになる．

$$\frac{V_{max}}{2} = \frac{V_{max}[S]}{K_M + [S]}$$

この式は変形して，

$$K_M = [S]\left\{\left[\frac{2V_{max}}{V_{max}}\right] - 1\right\} = [S]|2-1| = [S]$$

したがって，酵素の K_M は，反応速度が最大速度 V_{max} の半分になるような基質の濃度である．

ミカエリス-メンテンの式を使って，基質濃度 [S] を反応速度 V に対してプロットすると，次のようなグラフになる．

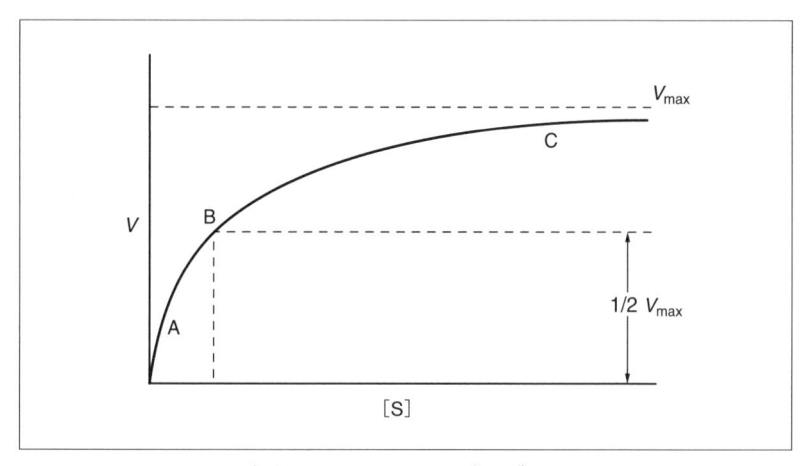

ミカエリス-メンテンの式のグラフ

基質の濃度が低い点 A では，制限因子は基質濃度である．反応速度はほとんど基質濃度に比例する．

基質が加えられるにつれて，反応速度は急速に増加する．

$[S] = K_M$ になる点 B では，$V = 1/2 V_{max}$ であり，酵素の 50 % の活性部位に基質が結合し，ES 複合体をつくっている．

基質濃度 [S] が高い点 C では，酵素分子のほとんどが基質と結合している状況に近い．反応はほとんど可能な最大速度で進んでおり，基質を加えてもだんだん効果がなくなってきている．このことは，グラフが漸近的に V_{max} に近づいていることによって示されている．

しかし，基質濃度が増加しても，ゆっくりとしか V_{max} に近づかないので，上記のようなプロットでは正確な値を求めることはできない．この問題は，ラインウィーバー-バークのプロットを用いることによって解決できる．

26・4 ラインウィーバー–バークのプロット

前節で説明したミカエリス–メンテンの式は,両辺の逆数をとって次のように変形できる.

$$\frac{1}{V} = \frac{1}{V_{max}} + \left(\frac{K_M}{V_{max}} \times \frac{1}{[S]} \right)$$

$1/V$ の $1/[S]$ に対するプロットは,**ラインウィーバー–バークのプロット**と呼ばれる.このプロットによって,傾きが K_M/V_{max} の直線が得られる.

直線の y 軸との切片は $1/V_{max}$ だから,V_{max} は簡単に計算できる.また,x 軸との切片が $-1/K_M$ なので,K_M も計算できる.

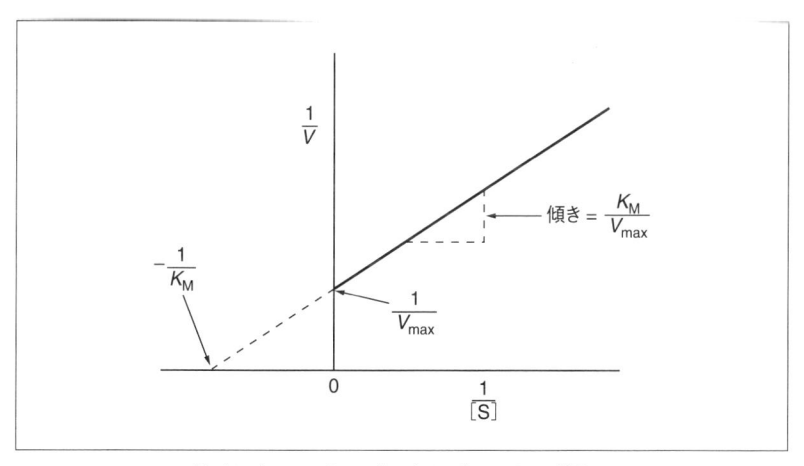

ラインウィーバー–バークのプロットのグラフ

統計編

27 統計学用語

この章では，生命科学や医科学の研究者がデータを解析する際に知っておく必要があるいくつかの用語を説明しよう．

27・1 母集団とサンプル

統計学では，**母集団**という言葉は，調査対象になりうる個々のすべてのものを意味する．

母集団から選ばれたものを**サンプル**（標本）という．

> **例**
>
> 人工的に受精させたソラマメ（*Vicia faba*）の畑と，自然受精のソラマメの畑があり，ある研究者がこの二つの集団をくらべてみたいとする．
>
> 研究対象となる二つの集団は，それぞれの畑にあるソラマメ全部である．しかし，彼女はそれぞれの畑から合計 $50\ m^2$ だけをサンプルしたい．

サンプルの中の個々のもの（個体）を，**サンプル単位**（**被験者**ともいう）という．

サンプルから集められたデータが，**観測値**である．

集団中の個体の違いを**変数**，または**フィールド**という．

観測値は**データ**と呼ばれる．

> **例**
>
> その研究者が調べたい変数は，一つのさや（この場合，さやがサンプル単位）当たりの豆の数や，個々の豆（豆がサンプル単位）の重さなどである．
>
> 測定値のリストがデータになる．

27・2 偏り

サンプルは母集団をうまく代表していなければならない．サンプルが**母集団**を代表してないときには，**偏り**があるという．

その例が，観測者が意識的，あるいは無意識的にサンプルに偏りを与える場合で，これを**観測者偏り**が生ずるという．

この偏りを避けるには，サンプルは母集団から**無作為抽出**（ランダム抽出）されなければならない．

無作為抽出を行うためには，通常は**乱数**が使われる．これは乱数表からとることもできるし，コンピューターのプログラムを使って生成することもできる．

方形区とはサンプル単位として使われる領域のことである．

> **例**
>
> 二つの畑の豆を，すべて数えて重さを測る時間はないので，研究者はサンプルを使わなりればならない．
>
> 彼女は，有機農法によると1さや当たりの豆の数や豆の重さが減るという理論をもっている．そのために，有機農法の畑では無意識に小さな豆を選んでしまい，偏りを生ずる傾向があるかもしれないと考えた．
>
> また同じ畑でも，別の場所では豆の数や重さが大変違っていることにも気がついていたので，それによる偏りも避けなければならないと考えた．
>
> そこで彼女は，それぞれの畑から乱数を使って $10\,\text{m}^2$ の方形区を五つずつ選んだ．

27・3 変　数

連続変数は，ある範囲のどんな値でもとりうる変数のことである．

連続変数には，比率変数と区間変数の二つのタイプがある．

比率変数は，ある範囲のどんな値もとることができる．値は整数である必要はないが，ゼロは本当のゼロでなければならない．

> **例**
>
> 豆のさやの長さは，比率変数である．

区間変数も，ある範囲のどんな値もとることができるが，ゼロという値は本当のゼロではない．

> **例**
>
> セルシウス温度℃は区間変数である．

> 0℃の温度は本当のゼロではなく，本当のゼロの温度は，−273.15℃(0 K)である．
> したがって，10℃の温度は5℃の2倍ではない．

カテゴリー変数は特定の値しかとれない変数である．
カテゴリー変数は名義変数か順序変数のどちらかである．
名義変数には大小のような順序がない．

> **例**
>
> ソラマメの色の変異は名義変数であり，変異の半分といっても意味がないし，異なる変異を順序づけることもできない．

順序変数は順序づけられるカテゴリー変数である．

> **例**
>
> 畑に植えたソラマメの列は収穫量などで順序づけることができる．順位は1番，2番，3番などと数字で表される．しかし順位（順序尺度）は加減などの演算ができない．たとえば3番は1番の3倍ではない．

2値変数は，たとえば雄と雌のように，二つのカテゴリーしかもたない変数である．

27・4　記述統計と推測統計

記述統計は，サンプル中のデータを"記述"する統計である．平均，中央値，標準偏差，四分位数などが含まれる．それらは，データを理解するためにつくられたものであり，28章と29章で詳しく説明する．

推測統計は，集められたサンプルから集団に関する"推測"を行うための統計的な方法である．それは，集団間に本当に違いがあるのかどうか，サンプルが母集団をどの程度よく代表しているか，などの推測を行う．32章で推測統計の入門的な話をすることにする．

> **例**
>
> ある研究者が，一連のサンプルから，1平方メートル当たりの豆の平均生産高を求めようとしている．これは記述統計である．
> もしも彼女が，1平方メートル当たりの豆の平均生産高が二つの畑で違う

かどうかを検定したいとすると，彼女は推測統計を使うことになる．

28　データの記述：平均を測る

多くのデータに直面したときには，まず平均を求めることは役に立つ．

平均を求める方法には3通りがある．普通の平均，中央値，最頻値である．これらのうちのどれがよいかは，データのパターンによる．

28・1　平　均

普通に**平均**と呼ばれるものは，相加平均（算術平均）である．

これは"中心点"を測る最も普通のやり方であり，どのようにしてこれを計算するかを理解しておくことは重要である．

もしもデータの散らばり方が中心点の両側で同じようであれば，この方法が使われる．たとえば，データが**正規分布**をしている場合である．

正規分布（ガウス分布ともいう）は，統計学でよく出てくる．これは，次のグラフで示すようなデータの対称的なベル形分布である．

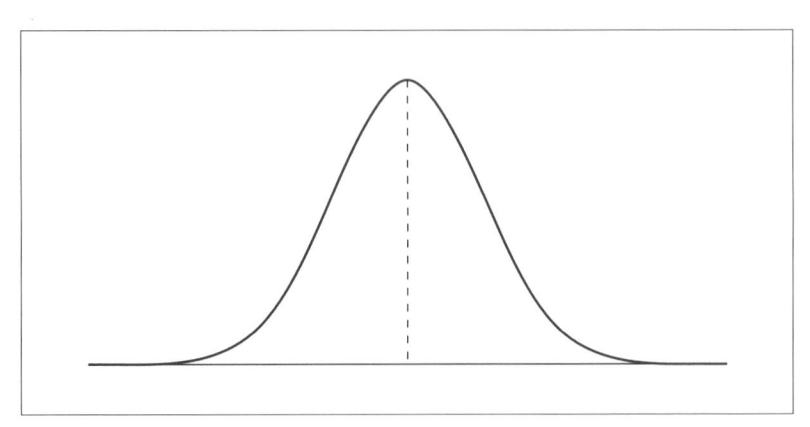

正 規 分 布

点線がデータの平均を示す．

平均は，すべての値の和を，値の個数で割ったものである．
このことは，次の式で表される．

$$\bar{x} = \frac{\sum x}{n}$$

ここで，$\bar{x}$ はサンプル平均を表す記号であり（"xバー"と読む），$\sum x$ はすべての変数の和，n はサンプルの数である．

> **例**
>
> 植林された 5 本のヨーロッパアカマツ（*Pinus sylvestris*）の樹高が，それぞれ 3.5，3.7，3.8，3.9，4.1 m であった．
> $$\bar{x} = \frac{\sum x}{n} = \frac{3.5 + 3.7 + 3.8 + 3.9 + 4.1}{5} = \frac{19}{5} = 3.8 \text{ m}$$
> したがって，平均樹高は 3.8 m である．

28・2 集団平均か，あるいはサンプル平均か？

集団全体のデータがあるならば，平均を記号 μ で表す（"ミュー"と発音する）．

しかし，サンプル（集団の一部）のデータしかないのであれば，平均は記号 $\bar{x}$ で表す．

> **例**
>
> ある湖にいるマガモ（*Anas platyrhychos*）全部の体重の総和を調べたいという研究者がいたとする．彼は何とかすべてのカモを捕まえて体重を量った．平均体重は 1.12 kg であったので，
> $$\mu = 1.12 \text{ kg}$$
> である．
> 次の湖では，すべてのカモを捕まえることができなかったので，サンプルについてしか量ることができなかった．このサンプルでは，平均体重は 1.39 kg であったので，
> $$\bar{x} = 1.39 \text{ kg}$$

28・3 中 央 値

中央値とは，サンプルの中で，それよりも大きい値の数と小さい値の数が同じくなる点である．

もしもデータが平均のまわりに均等に散らばっていなければ，そのデータは**非対称**であるという．この場合には，平均は分布の代表値としては適切でなくなり，中央値が使われる．

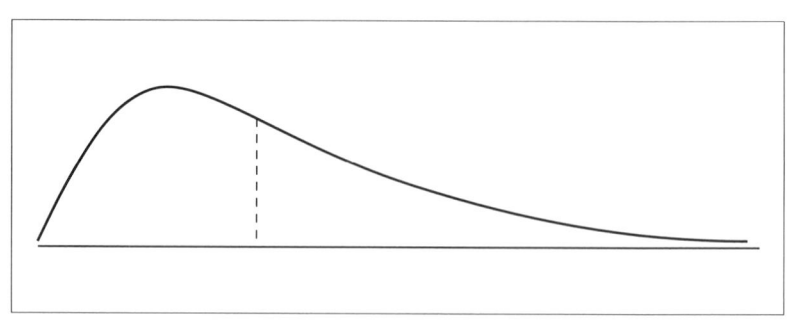

非対称の分布

破線が中央値を示す．

このグラフのかたちを，28・1 節で示した正規分布のかたちと比較してみてほしい．

> **例**
>
> 先と同じく，樹高が 3.5, 3.7, 3.8, 3.9, 4.1 m の 5 本のヨーロッパアカマツ（*Pinus sylvestris*）の例を取上げてみる．
>
> もしも樹高が 2.0 m の 6 番目のマツがあったとすると，1 本のマツだけが 3.5 m よりも低い樹高になるにもかかわらず，平均樹高が 3.5 m になってしまう．このように非対称なサンプルでは，"中央値"のほうが平均値 3.5 m よりも分布の代表値として適切である．

"中央の値"が二つあった場合には，中央値は便宜的にこの二つの値の真ん中をとる．

> **例**
>
> ヨーロッパアカマツの最初の例，つまり樹高が 3.5, 3.7, 3.8, 3.9, 4.1 m の 5 本については，樹高の中央値は 3.8 m であり，これは平均と一致する．つまり平均よりも高い木と低い木の数が等しい．
>
> しかし，2 番目の，樹高が 2.0, 3.5, 3.7, 3.8, 3.9, 4.1 m の 6 本のマツの例では，3.7 m と 3.8 m の二つの"中央の値"がある．中央値としては，この場合は二つの値の真ん中をとって，3.75 m になる．このように非対称なデータは，平均の 3.5 m よりも分布の代表値として適切であることがわかる．

中央値はそれの**四分位数**と一緒に示されることがある．第1四分位数は，それよりも小さなサンプルの数が1/4になるような点であり，第3四分位数はそれよりも小さなサンプルが3/4になるような点である．中央四分位範囲は，中央にあるサンプルの1/2の範囲，つまり第1四分位数と第3四分位数の間にあるデータである．このことは，**箱ひげ**プロットで示すことができる．

例

ある研究者が，50匹のトビイロホオヒゲコウモリ（*Myotis lucifugus*）の翼幅を測った．翼幅の中央値は，245 mmであり，第1四分位数は238 mm，第3四分位数は257 mmであった．また最小の翼幅は221 mm，最大は271 mmであった．この分布は，次のような箱ひげプロットで示される．

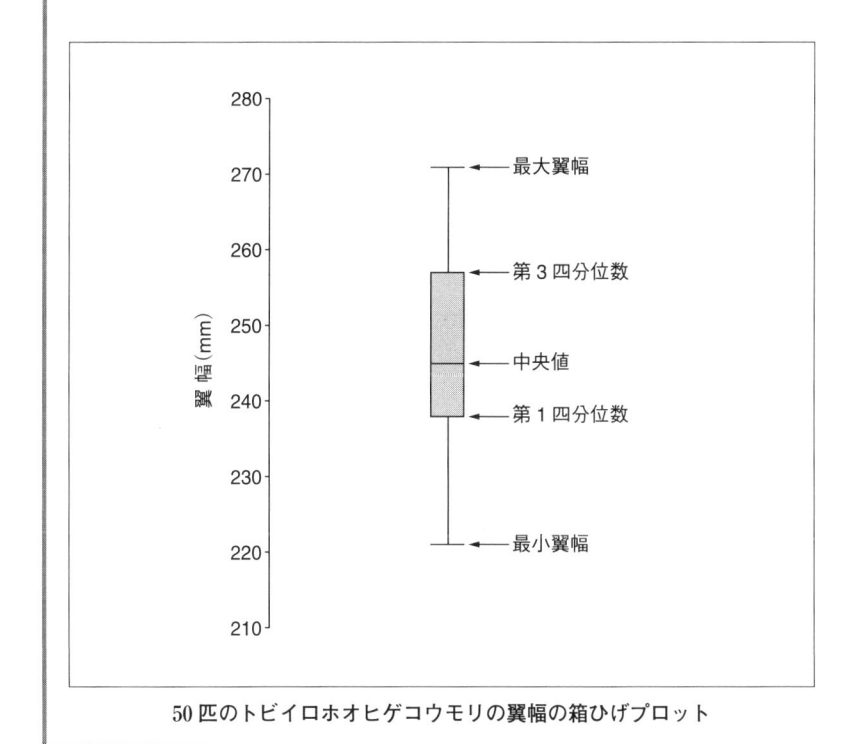

50匹のトビイロホオヒゲコウモリの翼幅の箱ひげプロット

ひげ（箱から伸びた線）の末端が最大値と最小値を表しており，極端なサンプルは細いひげとしてしか表れないので，サンプル全体の様子を把握するのに

都合がよい．

28・4 最頻値

最頻値とは最も度数の多い測定値である．

これは普通，順序のないカテゴリーデータを表す名義変数の場合に使われる．

> **例**
>
> ある研究者が，100人の学生の眼の色を調べた．結果は，次のようであった．
>
> 100人の学生の眼の色
>
> 二つの眼の色の平均はないので，ここでは平均や中央値を使うことができない．最も多い目の色，つまり最頻値は，茶色である．

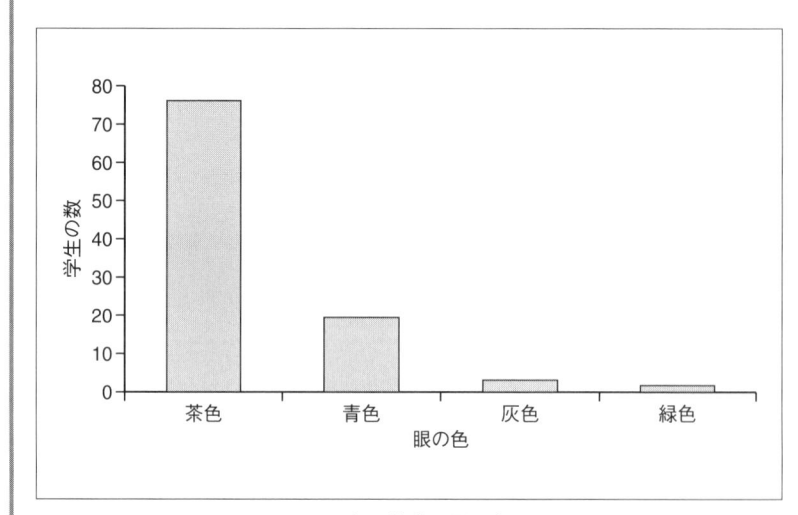

最頻値は，たとえば**二峰性分布**（双峰性分布ともいう）の場合のように，平均を一つに決めにくい場合に用いられる．

> **例**
>
> 次ページに示すグラフではピークが二つあり，このような分布を二峰性分布という．

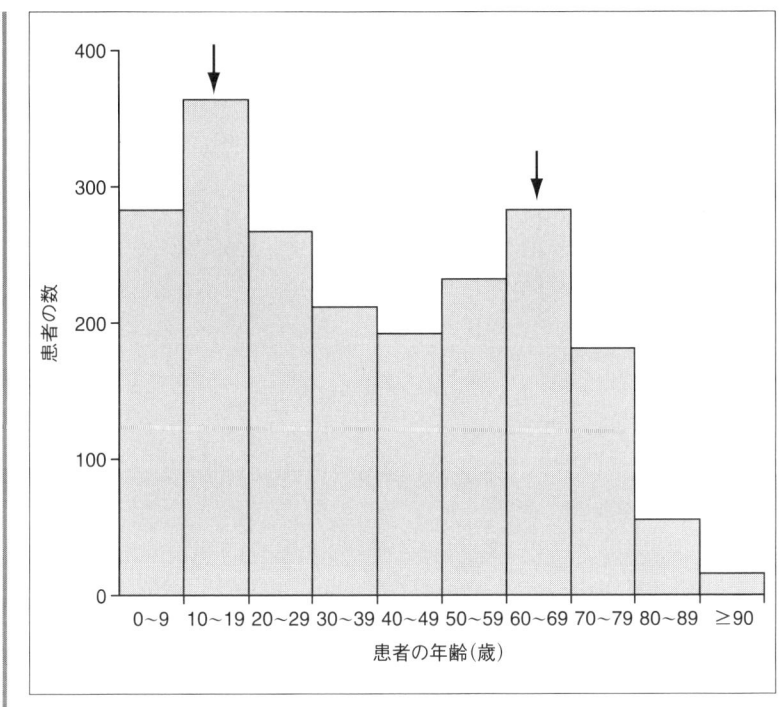

ある町におけるぜんそく患者の年齢のグラフ

矢印は年齢 10～19 と 60～69 にある最頻値を指している.

二峰性分布は，たいていは二つの集団が混じっていることを示唆するので，平均や中央値は分布の適切な尺度ではない.

自己診断テスト

答は巻末参照.

問 28・1 女性の献血者の血液のヘモグロビン濃度が，11.7, 11.9, 12.2, 12.7, 13.0 g dl^{-1} であった.

ヘモグロビン濃度の平均はいくらか.

問 28・2 もしも，8 人の女性献血者のヘモグロビン濃度が，11.1, 11.7, 11.9, 12.3, 12.7, 13.3, 15.2, 17.4 g dl^{-1} であったなら，中央値はいくらか.

29 標準偏差

標準偏差（SD：standard deviation）は，データが正規分布（28・1節を参照）しているときに使われる．これは，データが平均のまわりでどのくらい散らばっているかを示す尺度である．

29・1 標準偏差

"偏差"とは，個々の測定値と測定値の平均との差である．

標準偏差は，個々の偏差のある種の平均である．

したがって，標準偏差は測定値がその平均のまわりにどのくらい散らばっているかを示す．

平均の上と下の1標準偏差の範囲（略号で±1 SD）は，測定値の 68.2 % を含む．

±2 SD は，データの 95.4 % を含む．

±3 SD は，99.7 % を含む．

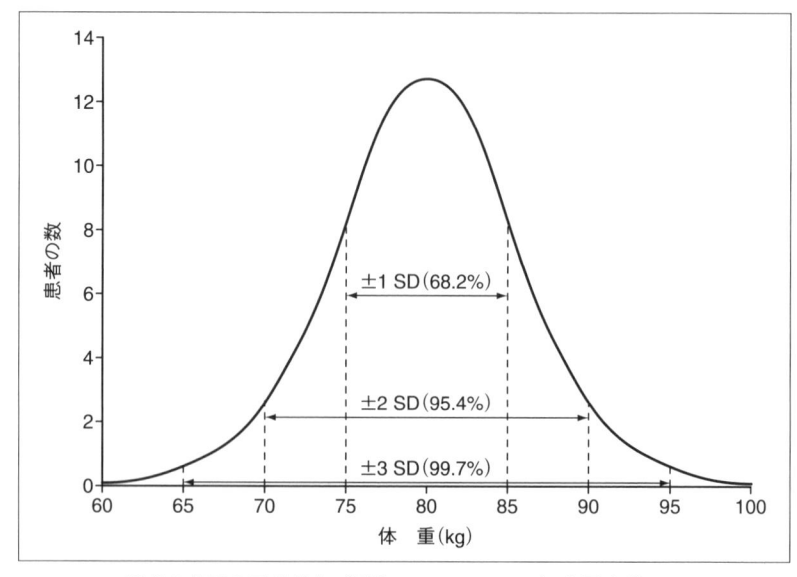

患者の体重の正規分布（平均 80 kg, SD 5 kg）を示すグラフ

> **例**
>
> ある患者のグループの体重が，正規分布に従っているとする．患者の体重の平均が 80 kg であった．このグループでは，SD が 5 kg であった．
> ・平均よりも 1 SD だけ軽い体重は，80 − 5 = 75 g
> ・平均よりも 1 SD だけ重い体重は，80 + 5 = 85 g
> ±1 SD は 68.2 % を含むので，患者の 68.2 % が 75 から 85 kg の範囲にあることになる．
> 95.4 % の患者の体重は，70 から 90 kg の範囲（±2 SD）
> 99.7 % の患者の体重は，65 から 95 kg の範囲（±3 SD）
> これがデータのグラフとどのように関係しているかを前ページの図に示す．

29・2　集団全体の標準偏差の計算

"集団全体"の標準偏差を計算するには，五つのステップが必要である．
1) 28・1 節で説明したように，まずすべての測定値を足し合わせて，それを測定値の数で割ることによって集団の平均 μ を求める．
2) それぞれの測定値から平均値を引いて，偏差を求める．

$$x - \mu$$

3) 次に，それぞれの偏差の二乗（それ自身を掛け合わす）を計算する．二乗することにより，負の数も正になる．
   これまでの手順をまとめると次のようになる．

$$(x - \mu)^2$$

4) これらの偏差の二乗の和，つまり**平方和**，を求める．

$$\sum (x - \mu)^2$$

5) 次に，平方和を測定の回数（データの数）で割って，平方和の平均を求める．これが**母集団分散**（母分散または単に分散ともいう）σ^2 である．

$$\sigma^2 = \frac{\sum (x - \mu)^2}{N}$$

6) SD は分散の平方根である．
   この手続きの全体は，次の式で示される．

$$\sigma = \sqrt{\frac{\sum (x - \mu)^2}{N}}$$

σ は"シグマ"と読み，標準偏差を表す記号である．

> **例**
>
> ある湖の 10 尾のサケ（*Salmo salar*）の体重がそれぞれ，1.6, 1.7, 1.8, 1.8, 2.3, 2.4, 2.6, 2.8, 3.1, 3.3 kg であった．
> 注意：普通，集団全体の個体数は 10 よりもはるかに多いが，ここでは計算を簡単にするために，少ない数を扱う．
> 1) 体重の和は 23.4 kg で，平均は 2.34 kg になる．
> $\mu = 2.34$ kg
> 2) それぞれの個体の体重と平均との差（偏差）は，次のようになる．
>
> | | | |
> |---|---|---|
> | 1.6 − 2.34 | = | −0.74 |
> | 1.7 − 2.34 | = | −0.64 |
> | 1.8 − 2.34 | = | −0.54 |
> | 1.8 − 2.34 | = | −0.54 |
> | 2.3 − 2.34 | = | −0.04 |
> | 2.4 − 2.34 | = | 0.06 |
> | 2.6 − 2.34 | = | 0.26 |
> | 2.8 − 2.34 | = | 0.46 |
> | 3.1 − 2.34 | = | 0.76 |
> | 3.3 − 2.34 | = | 0.96 |
>
> 3) それぞれの偏差の二乗を計算すると，次のようになる．
>
> | | | |
> |---|---|---|
> | $(-0.74)^2$ | = | 0.5476 |
> | $(-0.64)^2$ | = | 0.4096 |
> | $(-0.54)^2$ | = | 0.2916 |
> | $(-0.54)^2$ | = | 0.2916 |
> | $(-0.04)^2$ | = | 0.0016 |
> | 0.06^2 | = | 0.0036 |
> | 0.26^2 | = | 0.0676 |
> | 0.46^2 | = | 0.2116 |
> | 0.76^2 | = | 0.5776 |
> | 0.96^2 | = | 0.9216 |

4) これらの二乗の和（平方和）は，3.324 になる．
5) 分散 σ^2 は平方和の平均であり，平方和をサケの数で割ったものである．
$$\sigma^2 = \frac{\sum(x-\mu)^2}{N} = \frac{3.324}{10} = 0.3324$$
6) 分散の平方根が SD である．
$$\sigma = \sqrt{0.3324} = 0.577 \text{ kg （有効数字 3 桁で）}$$

29・3　標準偏差の範囲を計算する

SD を求めたので，これを使って，集団の 68.2 % を含む範囲（±1 SD），94.5 % を含む範囲（±2 SD），95.4 % を含む範囲（±3 SD）を計算できる．

> **例**
>
> 183 人の患者の絶食後の中性脂肪トリグリセリド濃度の平均が，2.2 mmol l^{-1} であった．
> また SD は 0.3 mmol l^{-1} であった．
> 平均より下の 1 SD は，2.2 − 0.3 = 1.9 mmol l^{-1}
> 平均より上の 1 SD は，2.2 + 0.3 = 2.5 mmol l^{-1}
> ±1 SD はデータの 68.2 % を含むであろうから，集団の 68.2 % が 1.9 から 2.5 mmol l^{-1} の間のトリグリセリド濃度であると考えられる．
> 95.4 % は，1.6 から 2.8 mmol l^{-1}（±2 SD）の範囲であろう．
> 99.7 % は，1.3 から 3.1 mmol l^{-1}（±3 SD）の範囲のトリグリセリド濃度であろう．
> このことを，次ページの上のグラフと関連づけて理解してみよう．

29・4　異なる標準偏差の比較

もしも二つの集団で，平均が等しいのに標準偏差が違っていたとすると，大きな SD をもつ集団のほうが，小さな SD の集団よりも値が広がっていることになる．

> **例**
>
> 別の患者の集団で絶食後トリグリセリド濃度が 2.2 mmol l^{-1} だったが，

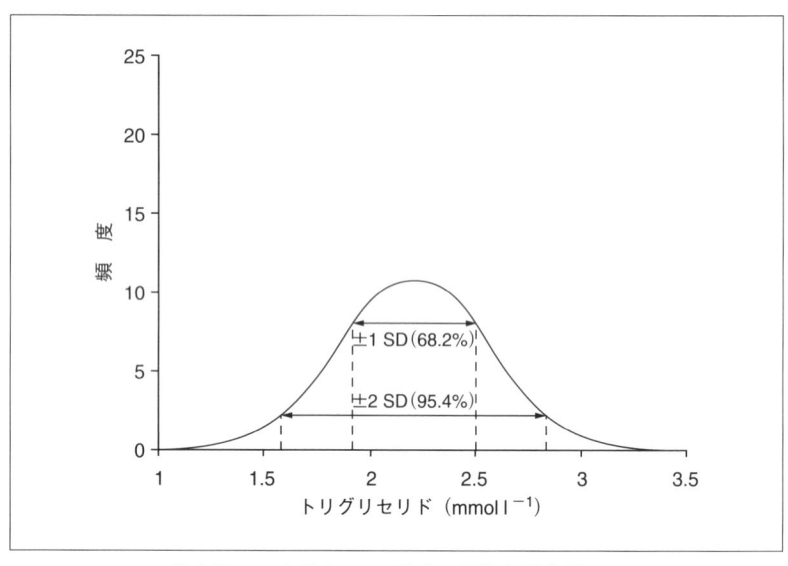

絶食後のトリグリセリド濃度の平均を示すグラフ
(平均 $2.2\ \text{mmol l}^{-1}$, SD $0.3\ \text{mmol l}^{-1}$)

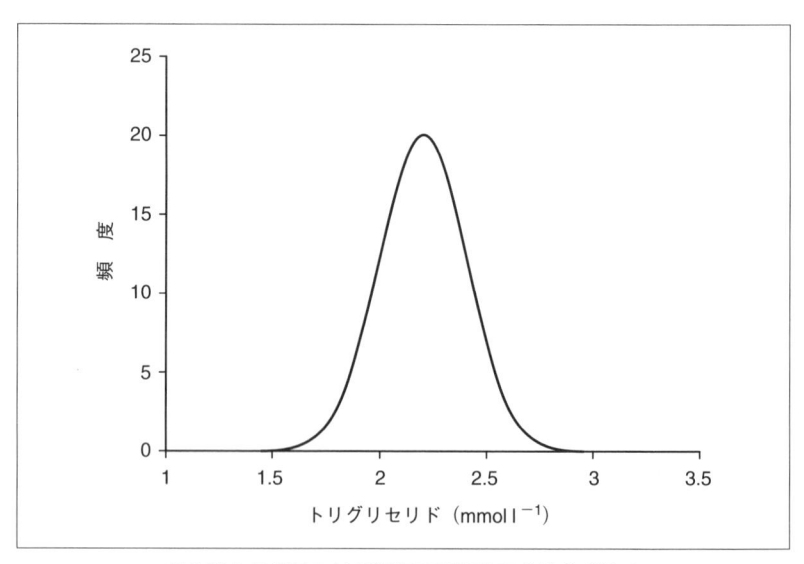

絶食後トリグリセリド濃度の正規分布を示すグラフ
(平均 $2.2\ \text{mmol l}^{-1}$, SD $0.2\ \text{mmol l}^{-1}$)

SD はわずか 0.2 mmol l^{-1} しかなかったとする．±1 SD は患者の 68.2 % を含むので，68.2 % の患者が 2.0 から 2.4 mmol l^{-1} の絶食後トリグリセリド濃度であることになる．

このグラフ（前ページ下）を，同じスケールで描かれた前の例のグラフと比較してみよう．小さな SD だと，高くて細い分布になる．

29・5　サンプルの標準偏差の計算

"サンプルの SD" を計算するとき，分散（母集団の分散は σ^2 だが，サンプルの分散は V と書く）は，偏差の平方和をサンプル数よりも一つだけ少ない数，つまり $n-1$ で割る．n でなくて，$n-1$ で割るのは，こちらのほうが SD のよい推定値を与えるからである．

31 章でもっと詳しく説明するが，$n-1$ は，"自由度" と呼ばれる．

例

29・2 節の例で出てきた 10 尾のサケが，湖にいるサケのサンプルであったとする．この場合，計算の各ステップを，10 尾のサケの集団の計算の場合と比較してみよう．

1) 体重の和は前と同様に 23.4 kg で，平均は 2.34 kg で前と変わらない．しかし今度は，$\bar{x} = 2.34$ と書く．μ の代わりに $\bar{x}$ を使うのは，これが集団全体の平均ではなくて，サンプルの平均だということを表しているからである．
2) それぞれの個体の体重と平均との差（偏差）は，前と変わらない．
3) 偏差の二乗の計算も変わらない．
4) 偏差平方和も前と同様に，3.324 になる．
5) しかし，サンプルの分散 V を求めるには，"サケの数 -1" で割らなければならない．

$$V = \frac{\sum(x-\bar{x})^2}{n-1} = \frac{3.324}{9} = 0.3693$$

6) 分散の平方根をとると，SD が得られる．

$$\text{SD} = \sqrt{0.3693} = 0.607 \text{ kg （有効数字 3 桁で）}$$

自己診断テスト

答は巻末参照．

問 29・1 5人の献血者のヘモグロビン濃度がそれぞれ，11.7, 11.9, 12.2, 12.7, 13.0 g dl^{-1} であった．

標準偏差はいくらか．

30 正規分布の確認

標準偏差は，データが正規分布をしているときに使うべきものである．しかし，平均や標準偏差が正規分布していないデータに対しても，しばしば間違って使われている．

もしも平均と SD しか与えられていなければ，正規分布を確認する簡単な方法は，平均から 2 SD 離れても，それが可能な変数の範囲内かどうか調べてみることである．

> **例**
>
> ある男性グループの体重に関するデータによると，平均体重 75 kg，標準偏差 40 kg であったとすると，
> $$平均 - (2 \times SD) = 75 - (2 \times 40) = -5 \text{ kg}$$
> 体重が負になることはないから，この値は明らかに可能な範囲の外になる．正規分布の場合には，サンプルの 4.6 % が 2 SD よりも外側にあるはずであり，半分の 2.3 % が 2 SD よりも小さい．したがってこのデータは正規分布をしていないことになる．この場合には，平均や標準偏差は適切な尺度ではない．

30・1 z スコア

測定値が集団の平均から標準偏差の何倍だけ離れているかを表す数が，z スコアである．

測定値が集団の平均よりも大きければ，正の z スコアをもつことになり，
$$+1 \text{ SD は，1 の } z \text{ スコア}$$
平均よりも小さければ，負のスコアをもつことになり，
$$-1 \text{ SD は，} -1 \text{ の } z \text{ スコア}$$
z スコアを表す式は，
$$z = \frac{(x - \mu)}{\sigma}$$
ここで，z が z スコアであり，x が測定値，μ が母集団の平均，σ が標準偏差である．

> **例**
>
> ある男性の集団で,平均体重が 75 kg,SD が 5 kg であった.
> 1 人の男性の体重が 65 kg だったとすると,
>
> $$z = \frac{(x-\mu)}{\sigma} = \frac{(65-75)}{5} = -2$$

30・2 助 言

標準偏差の計算の仕方とともに,標準偏差の幅の中にどれだけの数のデータが含まれるかを覚えておくとよい.

±1 SD には,68.2 %のデータが含まれ,±2 SD には 95.4 %,±3 SD には 99.7 %が含まれる.

28・1 節にある"正規分布"の曲線のかたちは覚えておくとよい.

自己診断テスト

答は巻末参照.

問 30・1 ある女性集団の血液中のヘモグロビン濃度の平均が 12.5 g dl^{-1},SD が 1.2 g dl^{-1} であった.

ある女性のヘモグロビン濃度が 15.5 g dl^{-1} だったとする.

彼女のヘモグロビン濃度の z スコアはいくつか.

31　自　由　度

統計の計算にはしばしば，**自由度**（df : degrees of freedom）が出てくる．この概念を理解するのは簡単ではなく，驚くべきことにそれを説明する適切な定義がない．

しかしながら，大雑把な概念は，以下の説明から把握できるであろう．

たとえば，3回の観測（A，B，C）をして，われわれはその値（観測値）を知りたいとする．

もしも，観測値があるという以外になにも知らないとすると，それぞれの観測値は"知られていない"という自由度をもつ．この場合，自由度は3である（3 df）．

もしも，平均値としてたとえば2.7が与えられたとすると，二つの観測値がわかれば，3番目の値は計算することができる．したがって，この場合の自由度は2になる（2 df）．

もしも，標準偏差が1.2，平均が2.7であると知らされているとすると，どれか一つの観測値がわかれば，すべての変数を計算できることになる．この場合の自由度は1である（1 df）．

> **例**
>
> 二つのヨーグルトの瓶があり，一つはイチゴ，もう一つはチョコレートだったとする．ラベルを貼る前に両方のヨーグルトの味をみる必要はない．どちらか一方の味をみれば，十分である．つまり，
>
> $$df = N - 1 = 2 - 1 = 1$$
>
> ここで，Nはヨーグルトの瓶の数である．
>
> もしも10個のヨーグルトの瓶があって，それらがすべて別の味だったとすると，それら10個の瓶にラベルを貼るためには，どれか9個について味をみればよい．この場合，
>
> $$df = N - 1 = 10 - 1 = 9$$

同じように，28人の乳児のサンプルがあったとして，平均身長を知っていれば，27人についての身長がわかれば，全員の身長がわかることになる．

$$df = N - 1 = 28 - 1 = 27$$

もしも，彼らの身長の標準偏差も知っていれば，自由度はさらに減る．
$$\mathrm{df} = N - 2 = 28 - 2 = 26$$

32　統計を使った比較

27・4節で，サンプルされたデータから集団についての"推測"を行う，推測統計を紹介した．

推測統計は，集団の間に本当の違いがあるのかどうかを推定したり，サンプルが集団をどれだけよく代表しているかを推定したりする．

本章では，推測統計を使う場合に必要な手続きについて説明する．

32・1　帰無仮説

推測統計には，**仮説**と呼ばれる理論の検定がある．

統計的な解析では，仮説は普通，集団間に違いがないというものであり，**帰無仮説**と呼ばれる．検定の結果は，この仮説を支持するか，棄却するかのいずれかである．

帰無仮説は，通常，われわれが実際に発見したいと思っているものとは逆のものである．われわれが，二つのグループで違いがあるかどうかを知りたい場合，帰無仮説は，違いがないというものであるが，われわれはそれを否定したいと思っている．

> **例**
>
> 27章で，二つの畑でソラマメ（*Vicia faba*）の生産高を比較したいと思っている研究者の例を挙げた．帰無仮説は，それぞれの畑の五つの方形区のデータから，二つの畑で生産高に差がないというものである．

32・2　正しい統計検定を選んで使う

比較のための調査データを集めて，比較のための統計的検定を行わなければならない．付録1の**意思決定フローチャート**は，どの検定を使うべきかを判断するのに役立つであろう．

検定の計算には，サンプルの間の違いを定量化する数である，**検定統計量**がでてくる．

一般に，検定統計量が大きければ，二つのサンプルの間の違いは大きい．

例

　付録1のフローチャートを使って，その研究者は，二つの畑の1平方メートル当たりのソラマメの生産高を比較するのに一番よい方法は，対をなさないt検定であると決断した．この方法の詳細は，38章で述べる．

　彼女は，t検定統計量が2.51，df 18 と計算した．

32・3　有 意 水 準

　データの間の違いが，偶然によるものかどうかも判断しなければならない．付録2や付録3のような表を使って，検定統計量の**有意水準**を計算する．

　違いが偶然によるとみなされる場合には，その違いは**有意ではない**といい，帰無仮説は棄却されない．

　しかし，違いが偶然と考えるには大き過ぎる場合に，その違いは**有意**であり，帰無仮説は棄却される．

例

　付録2にあるt分布の臨界値の表では，ソラマメの生産高の比較で得られたt検定統計量2.51は，自由度df=18では，5％の臨界値2.10よりも大きい．したがって，その違いは偶然によるものであるとは考えにくい（訳者注：5％以下の確率で偶然生じた可能性は残る）．

　しかし，ソラマメ生産高の比較のt検定統計量がもっと小さければ，帰無仮説は棄却できない．つまり，二つの畑の違いは，偶然によるものとみなしても差し支えないことになる．

32・4　交絡因子はないか

　最後に，本書の範囲外のことであるが，一つ注意すべきことがある．有意な違いが見つかった場合，ほかにこのような違いを引き起こす**交絡因子**がないかどうかを考えてみる必要がある．

例

　ソラマメの調査をしているとき，研究者は二つの畑がいろいろな点で違っていることに気がついた．一つは南向きの斜面で水はけがよく，もう一方は低地で水浸しになりやすい．

彼女は，農法の違いでなく，このような交絡因子が豆の生産高の違いの原因になっているかもしれないと考えた．

33 平均の標準誤差

　大きな集団からランダムに抽出されたサンプルを測定したとき，そのサンプルの平均を計算することができる．

　偶然の変動により，サンプル平均は集団全体の平均（"母集団平均（母平均ともいう）"は"真値"とも呼ばれる）からずれる．

33・1　平均の標準誤差

　平均の標準誤差，SEM は，サンプル平均が母集団平均にどれだけ近いかを示す目安になる．

　サンプル平均の標準誤差は，標準偏差をサンプルサイズ（サンプルの数）n の平方根で割ったものである．

$$\mathrm{SEM} = \frac{\mathrm{SD}}{\sqrt{n}}$$

　母集団平均±1.96 SEM は，サンプル平均の 95 % を含むであろう．
　母集団平均±2.58 SEM は，サンプル平均の 99 % を含むであろう．
　母集団平均±3.29 SEM は，サンプル平均の 99.9 % を含むであろう．

> **例**
>
> 　ある温度における繊維芽細胞の平均速度に興味をもっているとする．平均の"真値"とは，この条件下で培養されているすべての繊維芽細胞の平均速度を意味する．
>
> 　われわれは，10 個の繊維芽細胞をサンプルとして，それらの平均速度を測った．ランダムな変動のため，このサンプルの平均は，"真値"からはずれるであろう．われわれは，測定された平均速度が真値にどれくらい近いものかわからないが，サンプルサイズが大きくなれば，それに近くなるであろう．
>
> 　ほかのサンプルでは，少し違った結果が得られるであろう．10 の別々のサンプルを試してみれば（10 個の細胞をサンプルして平均速度を測ることを，10 回繰返す），サンプルごとに結果は違うであろう．しかし，平均速度はある中心のまわりに分布することがわかる．この分布の中心付近が，たぶん母集団の真値を含むであろう．

母集団平均のまわりの平均の分布は，正規分布に従っており，平均の標準誤差で記述できる．

サンプルサイズがより大きくなれば（たとえば 10 個の繊維芽細胞の代わりに，30 個），標準誤差は小さくなり，分布はより狭くなる．

33・2　SEM はどのように働くか

サンプルが一つであっても，サンプル平均が母集団平均のまわりのその分布の一部であることをわれわれは知っているが，その分布のどのあたりかはわからない．平均の標準誤差は，その分布の標準誤差である．それは，サンプルサイズとそのサンプル内の変動を考慮に入れている．

例

29・5 節で，10 尾のサケの平均体重が 2.34 kg であると計算した．標準偏差は 0.607 kg であった．

$$\text{SEM} = \frac{\text{SD}}{\sqrt{n}} = \frac{0.607}{\sqrt{10}} = 0.1929 \text{ kg}$$

33・3　サンプルサイズが大きいことの効果

サンプルサイズが大きくなると，標準誤差が小さくなる．

例

サケのサンプルサイズを 4 倍にすると，標準偏差は 0.607 kg だが，SEM は次のようになる．

$$\text{SEM} = \frac{\text{SD}}{\sqrt{n}} = \frac{0.607}{\sqrt{40}} = 0.0960 \text{ kg}$$

つまり，サンプルサイズを 4 倍にしたら，標準誤差が半分になった．

33・4　標準偏差か，あるいは標準誤差か

標準偏差は，"サンプル"中のデータがそれの平均のまわりにどれだけ散らばっているかを示している．

サンプル"平均"が母集団平均のまわりにどのくらいばらつくかを知りたいときに，われわれは標準誤差を使う．

自己診断テスト

答は巻末参照.

問 33・1 16 人の妊婦の血液中のヘモグロビン濃度の平均が $11.6\,\mathrm{g\,dl^{-1}}$, SD が $0.4\,\mathrm{g\,dl^{-1}}$ であった. SEM はいくらか.

34 信頼区間

サンプルの平均値がわかっていて，母集団の真値を含んでいそうな区間を知りたいとき，標準誤差を使って**信頼区間**，CI（confidence interval）を計算することができる．

信頼区間とは，母集団平均（仮に母集団全体のデータが得られたとしたときの平均）がその範囲内にあることに確信がもてるような領域（区間）のことである．

34・1 95％信頼区間

母集団平均±1.96 SEM は，サンプル平均の 95％を含むであろう．

したがって，どのサンプルについても，サンプル平均が母集団平均±1.96 SEM の範囲内にある確率が 95％であるといえる（われわれは 95％の確信をもつことができる）．

そのため，母集団平均はサンプル平均の±1.96 SEM の範囲内にあるといわれることがある．これは厳密には正しくないが，この考えはよく使われる．

34・2 サンプルサイズと SD の信頼区間に対する効果

信頼区間の大きさは，サンプルサイズと標準偏差の大きさに関係している．
- 調査が大規模なほど，より狭い信頼区間を与えるであろう．
- SD が小さいほど，信頼区間はより狭くなるであろう．

34・3 95％信頼区間の計算

サンプル平均から 1.96 標準誤差下から 1.96 標準誤差上までの範囲は，95％信頼区間と呼ばれる．

95％信頼区間を計算するには，まず標準誤差の 1.96 倍を計算しておく．

サンプル平均からこれを差し引くと，**95％信頼区間**の下限が求められ，サンプル平均にこれを加えると，95％信頼区間の上限が求められる．

$$95\% \text{ CI} = \bar{x} \pm (\text{SEM} \times 1.96)$$

例

33・2 節では，10 尾のサケのサンプルの平均体重が 2.34 kg，平均の標準

誤差が 0.1929 kg であることをみた.
95 ％信頼区間を計算するには,
$$SEM \times 1.96 = 0.1929 \times 1.96 = 0.3781$$
$$\bar{x} - 0.3781 = 2.34 - 0.3781 = 1.9619$$
$$\bar{x} + 0.3781 = 2.34 + 0.3781 = 2.7181$$

これは通常, 魚のこのサンプルの真の集団平均が, 有効数字 3 桁で 1.96 から 2.72 kg の間にあることが, 95 ％信頼されるものと解釈される.

このことは, 次のように記述される.

平均体重 2.34 kg, 95 ％ CI 1.96–2.72 kg

34・4　そのほかの信頼区間の計算

サンプル平均±2.58 SEM は, 99％信頼区間を与える.
サンプル平均±3.29 SEM は, 99.9％信頼区間を与える.

例

上のサケの例で, 99 ％信頼区間を計算したいとする.
$$SEM \times 2.58 = 0.1929 \times 2.58 = 0.4977$$
$$\bar{x} - 0.4977 = 2.34 - 0.4977 = 1.8423$$
$$\bar{x} + 0.4977 = 2.34 + 0.4977 = 2.8377$$

これは通常, 魚のこのサンプルの真の集団平均が, 1.84 から 2.84 kg の間にあることが, 99 ％信頼されるものと解釈される.

同様にして, 99.9 ％信頼区間は次のように計算される.
$$SEM \times 3.29 = 0.1929 \times 3.29 = 0.6346$$
$$\bar{x} - 0.6346 = 2.34 - 0.6346 = 1.7054$$
$$\bar{x} + 0.6346 = 2.34 + 0.6346 = 2.9746$$

これは通常, 真の集団平均が, 1.71 から 2.97 kg の間にあることが, 99.9 ％信頼されるものと解釈される.

自己診断テスト

答は巻末参照.

問 34・1 20人の女性のサンプルでは,血液中のヘモグロビン濃度の平均が,$12.8\,\mathrm{g\,dl^{-1}}$ であり,SEM は $0.8\,\mathrm{g\,dl^{-1}}$ であった.95 %,99 %,99.9 % の信頼区間(CI)をそれぞれ求めよ.

35 確　率

確率を理解しておくことは，多くの統計解析にとって重要である．

偶然という概念は，われわれが直感的に理解できるものである．しかしながら，確率を記述する方法がいろいろあり過ぎて，混乱するかもしれない．

35・1　確率を記述する五つの方法

確率の数値は，いろいろと異なる方法で与えることができる．

> **例**
>
> コイン投げをするとき，表と裏の出る機会は同等である．
> したがって，コインの表が出る確率は二つのうちの一つである．

確率は分数で書くことができる．つまり，指定した結果の数を可能な結果の総数で割る．

> **例**
>
> コイン投げの場合，表が出る確率は1割る2である．つまりコイン投げをする回数の1/2回，表が出ることが期待される．

確率は0から1の間のスケールで表される．
- まれな事象は，0に近い確率をもつ．
- 非常によくある事象は，1に近い確率をもつ．

> **例**
>
> コインの表が出る確率 $= \dfrac{1}{2} = 0.5$

確率は，略号 "P" や "p" を使って書かれることもある．

> **例**
>
> コインの表が出る確率は，$P = 0.5$

また，確率をパーセントで表すこともある．

> **例**
>
> コイン投げをするとき，表が出る確率は50%である．

したがって，二つのうちの一つ，1/2, 0.5, $P = 0.5$, 50%はすべて，コインの表が出る確率に関して，同じ情報を与えるものである．

> **例**
>
> 大腸菌 *E.coli* 株の大きさの95%信頼区間が，1.9から2.1 μm である．
>
> これは通常，真の母集団平均が1.9から2.1 μm の範囲にある確率が95%であるという意味に解釈される．それは同時に，そうでない可能性が5%あるという意味でもある．
>
> 95%の確率は，次のようにも記述できる．
> ・20のうちの19の機会
> ・19/20の機会
> ・0.95の確率
> ・$P = 0.95$

自己診断テスト

答は巻末参照．

問35・1 二つのサイコロをふって，6の目が二つ同時に出る確率を，5通りの仕方で表しなさい．

36 有意性と P 値

有意性は，確率に関係した重要な概念である．
われわれが，二つ，あるいはもっと多くのグループの測定値を比較するとき，グループの間の違いに関して，何らかの仮説をもっているとする．P（確率）値は，その仮説が正しい可能性がどのくらいかを知りたいときに使われる．

32・1 節で述べたように，仮説は通常，"帰無仮説"と呼ばれるように，グループ間に違いがないというものである．

36・1 有意性とはどういう意味か

異なる治療を受けた患者の二つのグループがあったとする．平均治癒率が二つのグループで違った場合，われわれは，この二つの平均値に有意な違いがあるのかどうか知りたいと思うだろう．違いが偶然によって生じたものなのか，あるいは二つのグループの間に本当の違いがあるのか．

二つの治療法の治癒率に差がないとするのが，**帰無仮説**である．

> **例**
> 200 人の成人の気管支肺炎患者に，2 種類の抗生物質のうちのいずれか一つずつがランダム投与された．医師は 5 日後に彼らを再診断した．
> 医師は，二つの治療法の結果の違いが偶然によって起こりうるものなのか，あるいは有意な違いがあるのかを知りたいと考える．
> 帰無仮説は，二つの治療法の効果に差がないというものである．

36・2 P 値

P 値は，二つのグループ間の測定値の違いが，偶然によって起こった確率を与える．

$P = 0.5$ は，その違いが偶然に起こった確率が，1 のうちの 0.5 だという意味である．

$P = 0.05$ は，その違いが偶然に起こった確率が，1 のうちの 0.05，つまり 20 のうちの 1 だという意味である．この数は，しばしば，"統計的に有意"，つま

り偶然に起ったとは考えにくく，したがって重要であるというときに使われる．しかしながら，この数字は任意なものである．もしもわれわれが20回の調査を行ったとき，実際にはグループ間に差がなくても，20回の調査のうちの1回は0.05のP値を示し，したがって有意であるとみなされることになる．

P値が低いほど，ますますその違いが偶然によって生じたとは考えにくいことになり，その発見がより有意なものになる．

$P=0.01$は，しばしば"高度に有意"とみなされる．その違いは，偶然だとしたら100回に1回しか起こらないはずのものである．このようなことは，考えにくいことではあるが，それでも可能なことである．

$P=0.001$は，偶然ならば1000回に1回しか起こらないはずのものであり，より考えにくいことであるが，それでも可能性はある．これは普通，"非常に高度に有意"と見なされる．

例

ある疫学者がある町で，50人の乳児のうちの35人が女の子であることに気がついた．

彼女は，このような男女比と，国のほかの地域で見いだされる通常の50：50の男女比との差が偶然生じる確率を知りたいと考えた．

帰無仮説は，この町でも乳児の男女比は50：50で，ほかの地域と"変わりない"というものである．

P値は，帰無仮説が正しい確率を与える．

この例では，P値は0.007になる．どのようにしてこれを計算するかは別の節で説明するとして，ここではこれがどのような意味をもっているかを考えてみることにする．

$P=0.007$は，この町で乳児の男女比に特別に差がないとしたら，この結果は1回のうちの0.007回（140回のうちの1回）は偶然生じることになる．しかし，これは考えにくいことであり，"高度に有意"である．したがって，われわれはこの仮説を棄却することができ，この町では国のほかの地域とくらべて乳児の性比に高度に有意な違いがあると結論する．

36・3　統計的な有意度はいつも妥当性と等しいか

統計的な有意度を妥当性と混同しないようにしよう．サンプルサイズがあまりに小さいときは，本当は差があるのに，結果は統計的に有意には出ないかもしれない．逆に，サンプルサイズが非常に大きいと，あまり意味のない小さな

差を統計的に有意な差として検出するかもしれない．

自己診断テスト

答は巻末参照．

問 36・1 二つの異なる温度がコムギ（*Triticum aestivum*）の発芽率に与える影響を調べたい．この検定の帰無仮説をつくりなさい．

問 36・2 10 ℃におけるコムギのサンプルの発芽率は，92 %であった．14 ℃でのほかのコムギのサンプルでは，発芽率が96 %であり，$P=0.25$になった．この違いはどの程度有意か．

37 有意性の検定

たくさんの有意性検定があって，どれを使ったらよいのか，わからないことがある．

付録1の**意思決定フローチャート**は，どの検定を使ったらよいかを決める助けになる．

統計的検定は，大きく二つのグループに分けられる．**パラメトリック検定**と**ノンパラメトリック検定**である．どちらを使ったらよいかは，データの分布に依存する．

37・1 パラメトリック検定

一般にパラメトリック検定は，平均と分散を比較する．これらの検定は，データが**正規分布**，すなわち，28・1節で出てきたベル形の曲線，に従うときにしか使えない．

大きなサンプル（たとえば50）では，サンプル自身は正規分布でなくても，サンプル"平均"は通常正規分布に従うので，パラメトリック検定が適用可能である．

ある非対称データは，正規分布データに**変換**することができ，その場合はより正確なパラメトリック検定を使うことができる．非対称分布は，たとえば値の対数をとることによって正規分布になることがある．

コルモゴロフ・スミルノフ検定を参照するとよい．この検定は，データが正規分布しているかどうかを検定するので，これによってパラメトリック検定が使えるかどうかの評価ができる．

統計学者は，以下の理由で可能ならばパラメトリック検定を使いたいと考える．

- パラメトリックなデータでは，ノンパラメトリック検定よりもパラメトリック検定のほうが有効である．
- パラメトリック検定のほうが使える方法が多い．

しかし，サンプル集団がパラメトリックの規準に従わない場合（あるいはそのようなかたちに変換できない場合）は，ノンパラメトリック検定を使わなければならない．

多くのノンパラメトリック検定は，データを**順序づけ**，順位を比較すること

によって行われる.

37・2 よく使われるパラメトリック検定

t 検定は,サンプル平均を比較するのに使われる.方法の詳細は,38章で説明する.

> **例**
>
> 異なる穀類で飼育された3カ月のハトの2集団がある.彼らの平均体重を比較するのに t 検定を使うことができる.

二つのカテゴリー変数の間の関連を調べるのに,**カイ二乗検定**(40章参照)を使うことができる.

> **例**
>
> 喘息の症状と大気汚染との関係を調べるとき,喘息の症状を,軽度,中度,重度の3段階に分類することができる.大気汚染の有無が喘息の症状に影響があるかどうかは,カイ二乗検定で調べることができる.

有意性検定の多くは,サンプル間の分散を比較して行われる.サンプルが同じ母集団からのものであるという仮説を検定するのに,それぞれの"サンプル内"分散を"サンプル平均間"分散(29・2節参照)と比較する.これは,**分散分析**(ANOVA;analysis of variance)と呼ばれ,多変数を比較するのに特に有用である.

> **例**
>
> いろいろな穀物に対する五つの異なる受精方法の効果を調べるには,分散分析が必要である.

相関は二つの変数の間の線形(直線的)関係の強さを調べるものである.

> **例**
>
> いろいろな年齢グループにおける肥満と糖尿病の発生率の間の関係を調べるために,ピアソンの相関検定を使う.

42章で説明する**回帰分析**は,変数の一つが別の独立な変数と従属関係にあ

るとき，従属変数が独立変数によってどのくらい説明できるかを，定量化するものである．

> **例**
>
> 日照時間（独立変数）と植物の成長（従属変数）との関係は，回帰分析によって定量化できる．

37・3 ノンパラメトリック検定

パラメトリック検定を適用するのに必要な規準をデータが満たさない（規準を満たすように変換できない）場合，ノンパラメトリック検定を使わなければならない．

一般に，ノンパラメトリック検定は最頻値を比較する（28・4節参照）．

生データの値を比較せず，データを順位データとして**順位**で表し，順位を比較するということがよく行われる．

パラメトリック検定のそれぞれに対応するノンパラメトリック検定を次の表で示す．

パラメトリック検定とそれに対応するノンパラメトリック検定の表

パラメトリック検定	ノンパラメトリック検定
平　均	中央値あるいは最頻値
標準偏差	四分位数と四分位数範囲
1サンプルの t 検定	ウィルコクソン検定，符号検定
対をなすサンプルの t 検定	ウィルコクソン検定，符号検定
対をなさないサンプルの t 検定	マン-ウィットニー検定
一元配置 ANOVA	クラスカル-ワリス検定あるいは順序データの ANOVA
繰返し測定の ANOVA	フリードマン検定あるいは順序データの ANOVA
ピアソンの相関検定	スピアマンの順位相関係数

ノンパラメトリック検定の詳しい説明は，本書の範囲外である．

37・4 どれをいつ使うか

パラメトリック検定とノンパラメトリック検定のどちらを使うかを決めなければ，サンプルの比較はできない．しかし，どちらを使うべきかの決定は，恐ろしくややこしい問題であり，異なる統計学者が異なる助言を与えることもあ

る．
　ここでは，簡単な意思決定フローチャートを示すが，別の統計学者からの違った助言も役に立つかもしれない．

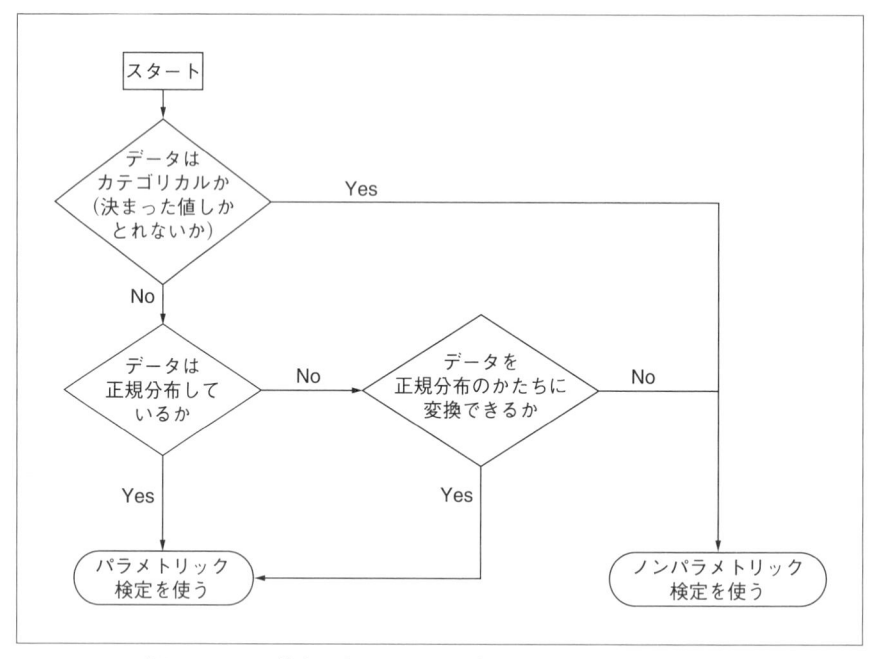

パラメトリック検定にするか，ノンパラメトリック検定にするかを決めるためのフローチャート

38　t 検　定

　ほかのパラメトリック検定と同様，**t 検定**（正しくは**スチューデントの t 検定**という）は，同じような標準偏差をもつ正規分布データ（28・1 節参照）のサンプルを比較するのに使われる．t 検定は，通常，一つか二つのサンプルを比較するのに使われる．サンプルが同じ平均値の母集団からのものである確率を検定するのである．

　小さなサンプルでは，z スコア（30・1 節参照）は，グループ間の差の分布のよい推定にはならない．しかし，t スコアはこれを克服するようなよい推定を求めるために開発されたものである．

38・1　t 検定表

　付録 2 の t 検定表（t 分布の臨界値の表）は，与えられたサンプルサイズと t スコアに対して，二つの平均値の差の有意水準を示している．

　計算で得られた t 値が，設定した有意水準に対応する表の値（臨界値）よりも大きければ，帰無仮説は棄却される．

> **例**
>
> 　異なるニワトリの品種から採取したそれぞれ 10 個の卵のサンプル二つの平均の重さを比較したいとする．帰無仮説は，二つの品種で卵の重さに差がないというものである．
>
> 　二つのサンプルに関する t 検定は，2.62 という t スコアを与えた（$t = 2.62$）．
>
> 　10 個の卵の二つのサンプルは，自由度 df（31 章参照）が 18 である．付録 2 の表によると，18 df では 5 ％有意水準で，$t = 2.10$ になる．
>
> 　得られた t スコア 2.62 はこの値よりも大きいので，有意水準は 5 ％よりも低い，つまり $P < 0.05$ になる．
>
> 　本当は品種間に違いがないのに，このように極端な結果が偶然得られる確率は，5 ％よりも低いということになり，したがって帰無仮説は棄却される．

38・2 片側検定と両側検定

34・1節で，正規分布では観測値の 95 % は，平均値のまわり，1.96 標準偏差の範囲内に入ることをみた．

残りの 5 % は，下図で示すように正規分布の二つの**裾**の間で均等に分割される．

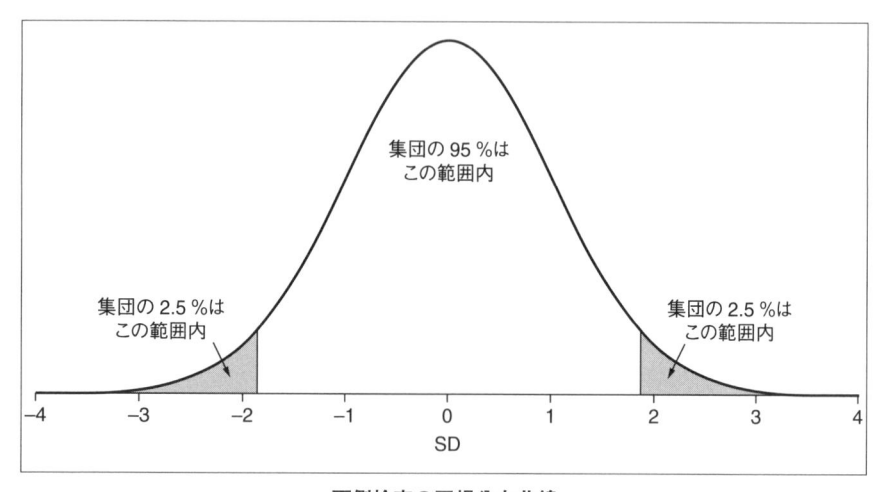

両側検定の正規分布曲線

帰無仮説（32・1節参照）を棄却しようとするとき，通常われわれは二つの可能性に興味がある，つまり一つのサンプルの平均値がもう一つのサンプルの平均値よりも高いから棄却するのか，あるいは低いから棄却するかについてである．

帰無仮説がどちら側についても棄却されることを許すならば，われわれは**両側検定**を行うことになる．つまり結果が分布の両側の二つの裾のどちらに入っても棄却するということである．

しかし，もしもわれわれが一つの集団の測定値は別の集団の測定値よりも大きい（あるいは小さい）ということを知っているならば，残りの 5 % は正規分布の上の（あるいは下の）裾に入ることを知っていることになるので，次ページに示す図のようになる．

この場合，t 検定の臨界値は低くなり，われわれは，結果が分布の片側の裾に入ったときにだけ帰無仮説を棄却する**片側検定**を使うことになる．

統計ソフトは片側検定と両側検定の両方を計算でき，付録 2 にある t 分布の

臨界値の表から両方の有意水準を計算することができる．

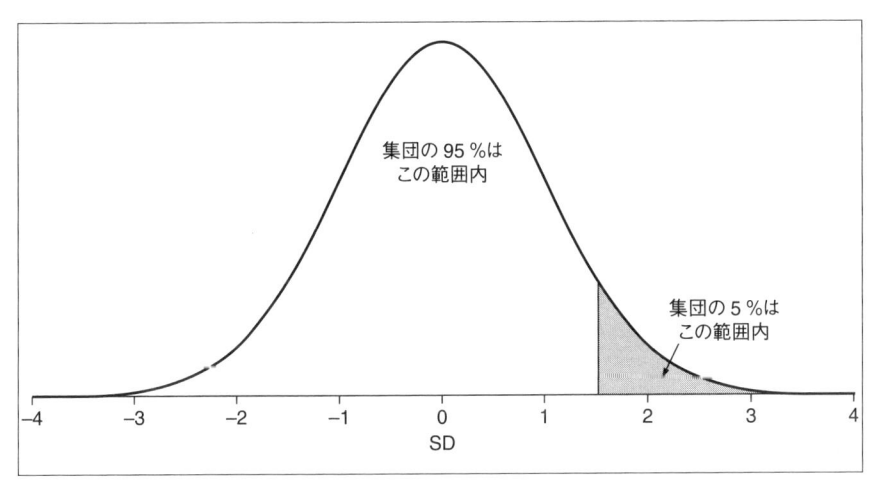

片側検定の正規分布曲線

片側検定が使われるのは，一つの集団の測定値が別の集団の測定値よりも大きいか，あるいは小さいということが確実である場合に限られる．

両側検定ではあまり有意ではない P 値も，片側検定を使うと有意になることもある．研究者は，これらの点を承知して使っている．

38・3　3 通りの t 検定

t 検定には 3 通りのものがある．

一つのサンプルがあって，その平均値を，たとえば集団の平均値などある決まった値と比較したい場合に，**1 サンプル t 検定**が使われる．

同じ被験者（調査対象）に対して行われた二つの測定値を比較する場合には，**対をなす t 検定**が使われる（関連 t 検定あるいは対をなすサンプル t 検定とも呼ばれる）．

二つのサンプルがあって，それらについて同じ変数が測定された場合は，**対をなさない t 検定**が（2 サンプル t 検定あるいは独立サンプル t 検定とも呼ばれる）が使われる．

例

ある農場における産卵後 1 日目のニワトリ卵の重さの平均に興味がある．10 個の卵のサンプルがあり，これの平均の重さが国の標準と有意に違っ

ているかどうかを知りたいとする．このためには，1サンプルt検定が使われる．

もしも，翌日にも同じ卵のサンプルの重さを量って，重さが有意に変化したかどうかを知りたいとするならば，対をなすt検定が使われる．

しかし，産卵後1日目のニワトリ卵の別のサンプルについて重さを量って，重さが有意に違っているかどうかを知りたいとすると，対をなさないt検定が使われる．

38・4　1サンプルt検定

1サンプルt検定は，一つのサンプルの平均値をたとえば母集団の平均値のような決まった値と比較する．

t値は，サンプル平均の母集団平均からの隔たりが，標準誤差の何倍であるかを表す数字である．

式は，

$$t = \frac{\bar{x} - E}{\text{SEM}}$$

ここで，$\bar{x}$はサンプル平均，Eは決まった値，SEMはサンプル平均の標準誤差（これの計算の仕方は28章，33章を参照）である．

例

上の例を使って，10個の卵のサンプルの平均の重さが60g，SEMが1.6gだったとする．

産卵後1日目のニワトリ卵の重さの国の標準は，55gである．

$$t = \frac{\bar{x} - E}{\text{SEM}} = \frac{60 - 55}{1.6} = 3.125$$

付録2のt値の表から，9df（自由度9）に対して，$t=3.125$は5％有意水準に必要な2.26よりも大きい．

したがって，測定された平均値と国の標準値との違いが，偶然によるものだとは考えにくいということになる．

38・5　対をなすt検定

対をなすt検定は，異なる条件あるいは異なる時間における同じサンプルの変数の平均を比較する．

それぞれの対の間の差の平均を差の標準誤差で割ったものとして計算される．

式で書くと，

$$t = \frac{\bar{d}}{\mathrm{SE}_d}$$

ここで，$\bar{d}$ はそれぞれの対の間の差の平均，SE_d は差の標準誤差である．

> **例**
>
> 10個の卵のサンプルの例で，1日目の平均の重さは60 gだったが，2日目は58 gだった．この差が有意なものかどうかを知りたい．
>
> 差の標準誤差は1.05 gと計算された．差の平均は，60－58＝2 gである．
>
> $$t = \frac{\bar{d}}{\mathrm{SE}_d} = \frac{2}{1.05} = 1.905$$
>
> 付録2の t 値の表を使うと，9 df（自由度9）に対する5％有意水準の t の臨界値は，2.26である．計算で求められた1.905は，5％有意水準に必要な値よりも小さいので，この差はたまたま生じたものかもしれない．

38・6 対をなさない t 検定

対をなさない t 検定は，二つの違ったサンプルについての同じ変数の平均を比較する．

二つのサンプルの平均値の差をその差の標準誤差で割ることによって計算する．

式は，

$$t = \frac{\bar{x}_a - \bar{x}_b}{\mathrm{SE}_d}$$

ここで，$\bar{x}_a$ と $\bar{x}_b$ は二つのサンプルそれぞれの平均値，SE_d は差の標準誤差である．

> **例**
>
> 1日目の卵のサンプルでは，平均の重さは60 gだった．同じく1日目の別のサンプルでは，平均の重さが51 gだった．卵の重さのこの違いが有意なものかどうか知りたい．
>
> 差の標準誤差は，2.24 gと計算された．

$$t = \frac{\bar{x}_a - \bar{x}_b}{\text{SE}_d} = \frac{60 - 51}{2.24} = 4.018$$

付録2の t 値の表を使うと，18 df（自由度18）に対して，$t = 4.018$ は，0.1％有意水準の t の臨界値 3.92 よりも大きいことがわかる．つまり，この差が偶然に起こったとは考えにくいということになる．

自己診断テスト

答は巻末参照．

問38・1 ある大きな苗床でのキツネノテブクロ（*Digitalis* spp.）の発芽率は，70％であった．

種子12個のサンプルが1年間保存されたが，それらのサンプルの平均発芽率は62％，SEM は8％であった．

t 値はいくらか．付録2の t 値の表を使って，この差が偶然による可能性がどのくらいかを検定せよ．

問38・2 環境温度が 30.0 ℃ のときに，20人の被験者のグループの平均核心温度が 36.80 ℃ であった．

環境温度 40.0 ℃ で再び測ったところ，平均核心温度は 36.90 ℃ になった．

核心温度の差の標準誤差は 0.04 ℃ と計算された．

t 値はいくらか．付録2の t 値の表を使って，この差が偶然による可能性がどのくらいかを検定せよ．

問38・3 30本のヒマワリ（*Helianthus annuus*）のサンプルの平均の高さが，1.5 m であった．

それよりも湿度の低い土壌で育てた別のサンプルでは，平均の高さが 1.2 m であった．

この差の標準誤差は 0.1 m であった．

t 値はいくらか．付録2の t 値の表を使って，この差が偶然による可能性がどのくらいかを検定せよ．

39 分散分析

分散分析はANOVA（analysis of varianceの略）とも呼ばれ，複数のサンプルを比較するのに使われる．

たとえば，複数の因子の影響下にある，複数のグループから得られた複数のサンプルを比較するのに強力な統計手法である．

39・1　ANOVAか，あるいはt検定か

二つの平均を比較したいとき，t検定が使われる．

三つあるいはそれ以上の平均を比較したいときにも，t検定を繰返すことが可能である．たとえば，サンプル平均$\overline{A}$, $\overline{B}$, $\overline{C}$を比較するには，$\overline{A}$を$\overline{B}$と比較し，$\overline{A}$を$\overline{C}$と比較し，さらに$\overline{B}$を$\overline{C}$と比較すればよい．

ただしサンプル数が多くなると，それにつれて必要なt検定の数が多くなる．

ANOVAは，すべての比較を1回の検定でやることができるという利点をもっており，二つよりも多いサンプルを比較するのに使われる．

ANOVAはまた，われわれが興味をもっている変数に対する複数の因子の影響を考慮することができるという利点ももっている．

> **例**
>
> トマトの収量が7品種の間で違わないという帰無仮説を検定したいとすると，21回のt検定が必要である．
>
> 1回のANOVAで，21回のt検定の代わりができる．
>
> ANOVAを使うことによって，品種の違いと畑の位置が収量に与える影響を考慮することができる．

39・2　多重検定の問題

一つのt検定が0.05のP値を与えた場合，帰無仮説が正しい可能性が5％は残るわけであり，この仮説を間違って棄却してしまう可能性が5％あることになる．

たくさんの独立なt検定を行う場合，1回の検定ごとにこのような間違いを

する可能性がある．したがって，多くの回数の検定を行うほど，間違った結論を下す可能性が増えることになる．

ANOVA は 1 回の検定なので，このような多重検定の問題は生じない．

> **例**
>
> 上の例で，21 回の t 検定を行った場合，品種間に収量の違いがなくても，それぞれの t 検定は 5% の確率で"有意"な差を与える．21 回の検定全体ではそのうちのどれか 1 回は，66 % の確率（訳者注：$1 - 0.95^{21} = 0.66$）で偶然に"有意な"違いを示すことになる．

39・3 ANOVA の概要

しかし，ANOVA の計算は複雑であり，ここではその概要を述べるにとどめる．

ANOVA は，"サンプル間"の分散を"サンプル内"の分散と比較する．

> **例**
>
> 下のプロットは二つのサンプルからのデータを示す．
>
> サンプル A，B は異なる平均値をもつが，それぞれの分散も大きい．したがって，この二つのサンプルは同じ母集団からのものかもしれない．

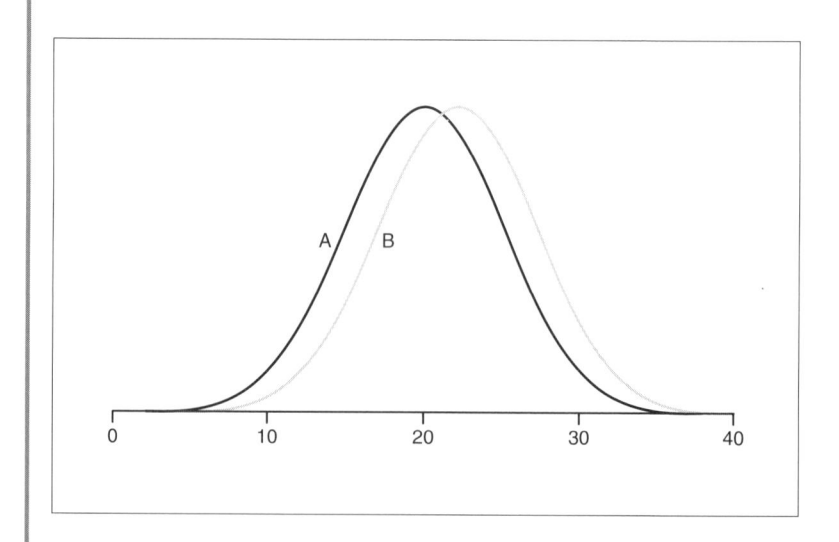

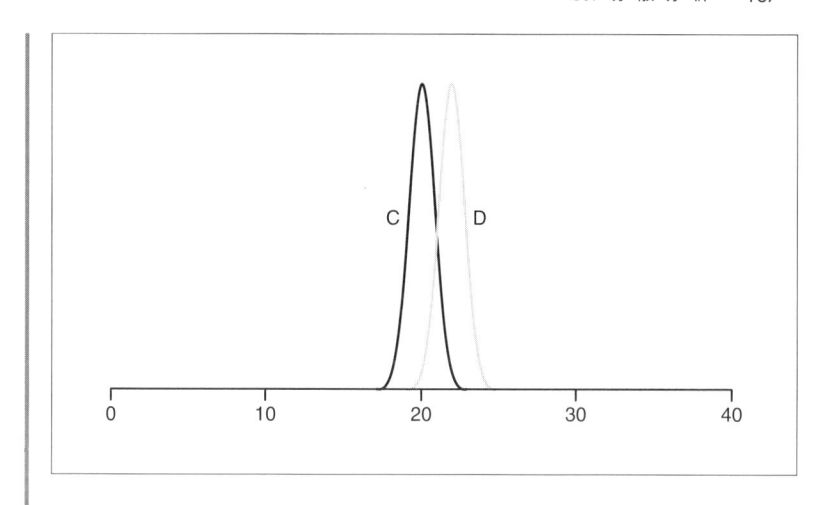

サンプル C, D は前の例の A, B とそれぞれ同じ平均値をもつが，それぞれの分散は小さい（上の図）．したがって，C と D は，多分異なる母集団からのものである．

一元配置分散分析（one-way ANOVA）は，二つよりも多くのサンプルの平均を比較したいときに使われる．したがって，それは t 検定の拡張版と考えられる．

繰返し測定の分散分析（repeated measures ANOVA）は，同じサンプルに対して繰返し測定がある場合に使われる．

39・4　F 値

ANOVA 検定の統計量 F は，サンプル間分散とサンプル内分散の比として計算される．

$$F = \frac{サンプル間分散}{サンプル内分散}$$

F 値の実際の計算は複雑であり，統計ソフトウェアに任せるしかない．統計ソフトウェアは P 値も計算してくれる．

> **例**
>
> ある研究者は，異なる脂質降下薬を投与された三つの患者グループで，コレステロール値に有意な差があるかどうかに興味をもっている．統計ソフトウェアを使って解析して，次のような結果を得た．

ANOVA 解析の結果

	平方和	df	平均平方	F	Sig.（有意水準）
グループ間	2 604.205	2	1 302.102	1.761	0.192
グループ内	19 228.002	26	739.539		
計	21 832.207	28			

F 値が大きいほど，サンプル間の差が統計的に有意になる．この例では，自由度 2 で F 値 1.761 である．表から有意水準（Sig.）が 0.192 になることがわかる．したがって，観測されたサンプル間の違いが偶然によるものである可能性は，19.2 % ということになる．

39・5　どのサンプルが異なるかを見つけ出す

　ANOVA はサンプル間に有意な差があることを教えてくれるが，どのサンプルが違っているかについては教えてくれない．

　そのためには，**事後検定**（ポストホック検定）と呼ばれる検定が必要になる．統計ソフトウェアには，**ボンフェローニ補正**や**ダネット検定**，**シェッフェ検定**，**チューキー検定**などの事後検定が組込まれている．

40 カイ二乗検定

事象の**頻度**とは，それが起こった回数である．
カイ二乗は，実際の頻度と期待される頻度との違いの尺度である．
通常，χ^2 と書かれるが，カイ二乗と読む．

40・1 期待頻度

期待頻度とは，二つの結果に"差がない"とした場合の頻度である．
次のような**分割表**を使って，期待頻度と実際の頻度を比較する．

> **例**
>
> 森の中の一つの地域では，31頭のチンパンジー（サンプルA）のうちの15頭がオスであった．別の地域では，60頭（サンプルB）のうちの36頭がオスであった．この二つのサンプルで性比に統計的に有意な違いがあるかどうかを知りたい．
>
> **チンパンジーの子供の性比の分割表**
>
> | | サンプルA | サンプルB | 合計 |
> | --- | --- | --- | --- |
> | オス | 15 | 36 | 51 |
> | メス | 16 | 24 | 40 |
> | 合計 | 31 | 60 | 91 |

40・2 カイ二乗の計算

カイ二乗は次の式で与えられる．

$$\chi^2 = \sum \frac{(O-E)^2}{E}$$

ここで，$(O-E)$ は観測頻度と期待頻度の差，E は期待頻度，$\sum$ は足し合わせるという意味の記号である．

> **例**
>
> チンパンジーの例で，サンプルAにおけるオスの期待頻度 E は，

$$E = \frac{\text{オスの総数} \times \text{サンプル A の総数}}{\text{チンパンジーの総数}}$$

したがって,サンプル A のオスについては $E = 51 \times 31/91 = 17.374$,サンプル A のメスについては $E = 40 \times 31/91 = 13.626$,サンプル B のオスについては $E = 51 \times 60/91 = 33.626$,サンプル B のメスについては $E = 40 \times 60/91 = 26.374$ になる.

$$\sum \frac{(O-E)^2}{E}$$

を計算するためには,次の手続きが必要である.
・観測頻度から期待頻度を差し引く.
・これらの差のそれぞれの二乗を計算する.
・差の二乗のそれぞれを期待頻度で割る.
・それらの結果の総計を計算する.
これらの計算を次の表で示す.

チンパンジーの例についての χ^2 の計算

	観測頻度 O	期待頻度 E	$O-E$	$(O-E)^2$	$\dfrac{(O-E)^2}{E}$
サンプル A のオス	15	17.374	-2.374	5.636	0.3244
サンプル A のメス	16	13.626	2.374	5.636	0.4136
サンプル B のオス	36	33.626	2.374	5.636	0.1676
サンプル B のメス	24	26.374	-2.374	5.636	0.2137
					$\sum \dfrac{(O-E)^2}{E} = 1.1193$

したがって,有効数字 3 桁で $\chi^2 = 1.12$

40・3 有意水準の計算

χ^2 の値がわかれば,有意水準がわかる.
χ^2 の有意水準は,31 章で説明したように自由度 (df) に依存する.
この検定の自由度とは,表の行の数から 1 を引いた数に,表の列の数から 1

を引いた数を掛け合わせたものになる，つまり
$$df = (行の数 - 1)(列の数 - 1)$$
である．χ^2 の臨界値の表は，付録3にある．

> **例**
>
> 上のチンパンジーの例では，二つの行（オスとメス）と二つの列（サンプルAとB）があるので，
> $$df = (2-1)(2-1) = 1$$
> 付録3の表によると，有意水準5％の臨界値は，1 df で 3.84 である．
>
> しかし，われわれの例では，χ^2 はわずか 1.12 であり，結果は有意ではなく，帰無仮説は棄却されない．

40・4 分割表による別の検定

χ^2 検定の代わりに，分割表の分析に**フィッシャーの正確検定**を使うことができる．2行2列の分割表で，5以下の期待頻度を含むような場合には，このフィッシャーの検定は有効である．

χ^2 検定は計算が簡単だが，近似的な P 値しか与えなく，小サンプルには適さない．**イェーツの連続性補正**やほかの補正を χ^2 検定に加えることによって，P 値の精度を上げることができる．

マンテル-ヘンツェル検定は，χ^2 検定の拡張であり，複数の分割表の比較に用いられる．

自己診断テスト

答は巻末参照．

問 40・1 ある細菌学者が大腸菌 *E.coli* を 480 個のペトリ皿に接種した．ペトリ皿のうちの 240 個は標準培地，残りの 240 個は新しいタイプの培地であっ

E.coli の増殖に対する培地の影響を表す表

	培地のタイプ		計
	標準タイプ	新しいタイプ	
3日後コロニーあり	144	160	304
3日後コロニーなし	96	80	176
計	240	240	480

た. 3日後に彼女は，細菌のコロニーができているかどうかを調べた. 結果は前ページに示す表の通りである.

χ^2 値を計算しなさい. 電卓を使ってよい.

問 40・2 *E.coli* の例で得られた χ^2 値から，付録3の表を使って，有意かどうかを判定しなさい.

41 相関

二つの変数の間に直線的な関係がある場合に，それらの間に**相関**があるという．

41・1 正か負か

正の相関係数は，一つの変数が大きくなると別の変数も大きくなることを意味する．つまりグラフ上の直線は，右上がりになる．

> **例**
>
> 日長と植物の成長率は正の相関をもつ．つまり日が長くなると，植物は速く育つ．
>
> 植物の成長率の日長に対するプロット

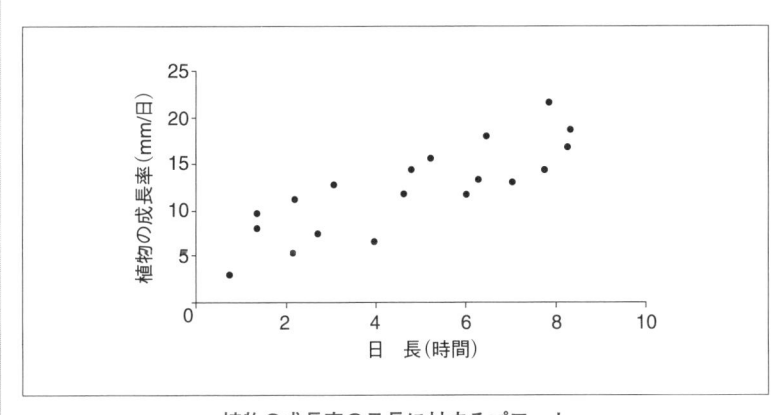

負の相関係数は，一つの変数が大きくなると，別の変数が小さくなることを意味する．つまり，グラフは右下がりになる．

> **例**
>
> 汚染のレベルが高くなると，作物の収量は減り，これら二つの変数の相関は負になる．

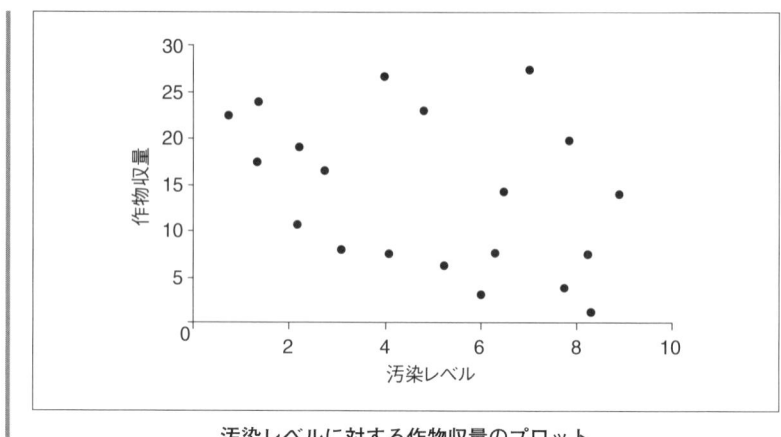

汚染レベルに対する作物収量のプロット

41・2 相関係数

相関の強さは，**相関係数**で測られる．

相関係数は通常，たとえば $\rho=0.8$ のように，ギリシャ文字の ρ（ロー）で表される．しかし，本や学術誌によっては "r" で表されることもある．

もしも，二つの変数の間で完全な関係が成り立てば，$\rho=1$（正の相関）あるいは $\rho=-1$（負の相関）になる．もしも，相関がまったくなければ（グラフ上のプロットがランダムに散らばっていれば），$\rho=0$ になる．

相関係数の大きさの解釈は主観的になるが，次のようなことが実際的な目安として役に立つであろう．

$\rho = 0 \sim 0.2$ 　非常に低く，意味のある相関はなさそう
$\rho = 0.2 \sim 0.4$ 　低い相関であり，もっと研究が必要
$\rho = 0.4 \sim 0.6$ 　そこそこの相関
$\rho = 0.6 \sim 0.8$ 　高い相関
$\rho = 0.8 \sim 1.0$ 　非常に高い相関．高過ぎるかもしれない！　間違いの可能性や，そのような高い相関を生み出す別の理由などもチェックしたほうがよい

この目安は，負の相関についても同様に当てはまる．

例

上の日長と植物成長率のデータでは，$\rho=0.8$ で非常に高い相関がみられた．

しかし，作物の収量と汚染レベルの相関は，$\rho = -0.39$ と低かった．

41・3 相関係数の計算

まず，両方のデータセット（データの組）で平均を計算する．
$$\bar{x} と \bar{y}$$
x と y のそれぞれの値について，
$$x - \bar{x} と y - \bar{y}$$
を計算する．それらを用いて，次の相関係数の式を計算する．
$$\rho = \frac{\sum (x - \bar{x})(y - \bar{y})}{\sqrt{\sum (x - \bar{x})^2 \sum (y - \bar{y})^2}}$$

例

ある医学生化学者が，ヒトの血液グルコースの濃度が HbA1c（ヘモグロビン分子にどれだけ多くのグルコースが結合しているかの尺度）とどれだけ強く関連しているかに興味をもった．8人の真性糖尿病患者のサンプルから得られた値とそれらの平均を下の表に示す．

8人の真性糖尿病患者の血液グルコースと HbA1c の表

患者	血液グルコース（mmol l^{-1}）	HbA1c（％）
A	5.1	5.8
B	4.6	6.9
C	6.3	8.3
D	8.3	6.1
E	9.7	7.8
F	12.0	8.4
G	12.7	10.8
H	14.1	9.1
平均	9.1 ($\bar{y}$)	7.9 ($\bar{x}$)

測定値の対をくらべると，次ページに示すようなグラフになる．

このグラフには，平均値 $\bar{x}$，$\bar{y}$ を示す縦線と横線の点線，それに1人の患者について，$x - \bar{x}$，$y - \bar{y}$ を示す矢印が描き込まれている．

前の表から x と y の値をとって，相関係数を計算するための新たな表をつくることができる．

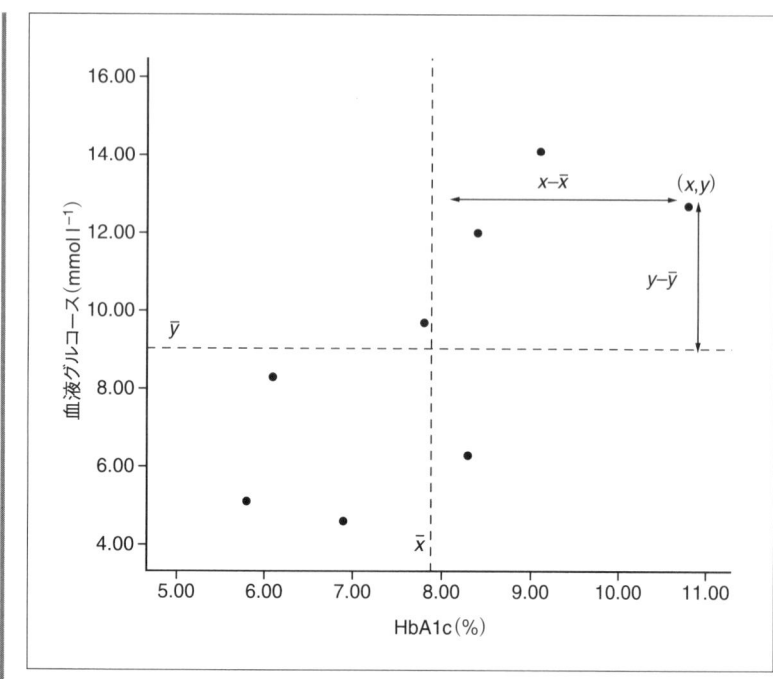

血液グルコースの HbA1c に対するプロット

$x-\bar{x}$, $y-\bar{y}$, $(x-\bar{x})^2$, $(y-\bar{y})^2$ を計算した表

患者	$x-\bar{x}$	$y-\bar{y}$	$(x-\bar{x})^2$	$(y-\bar{y})^2$
A	−2.1	−4.0	4.41	16.00
B	−1.0	−4.5	1.00	20.25
C	0.4	−2.8	0.16	7.84
D	−1.8	−0.8	3.24	0.64
E	−0.1	0.6	0.01	0.36
F	0.5	2.9	0.25	8.41
G	2.9	3.6	8.41	12.96
H	1.2	5.0	1.44	25.00

これらの値を相関係数の式に代入すると,

$$\rho = \frac{\sum(x-\bar{x})(y-\bar{y})}{\sqrt{\sum(x-\bar{x})^2 \sum(y-\bar{y})^2}} = \frac{31.05}{\sqrt{91.46 \times 18.92}} = 0.7464$$

したがって, $\rho = 0.75$ になり, 血液中のグルコース濃度と HbA1c との間には強い相関があることが示唆される.

41・4 相関の限界

相関は, 変数の間の関連性の強さについて教えてくれるが, 因果関係については教えてくれない.

相関の意味を解釈する際には注意が必要である. 相関が有意であるときは大きさも考えなくてはならない. 研究が大規模になると, 小さな相関でも高い有意水準を与えるようになる.

また, 相関は変数間の線形な (直線的な) 関係についてしか教えてくれないことを心にとめておくべきである. 二つの変数は強く関連しあっていても, 直線的な関係でなければ, 低い相関係数しか得られないこともある.

自己診断テスト

答は巻末参照.

問 41・1 ある研究者が, 種子採取後の異なる時期に, デルフィニウム (*Delphinium cardinale*) の種子の平均発芽率を測った.

相関係数 ρ を計算せよ.

種子採取後の異なる時期での *D. cardinale* 種子の発芽率の表

	発芽率 (%)	種子採取後の時間 (月)
	60	0
	53	4
	52	8
	38	12
	32	16
平均	47	8

42　回　帰

　回帰分析は，一つのデータの組が別のデータの組とどのように関連しているかを定量化するのに使われる．それは，変数のうちの一つが，別の独立な変数に依存しているときに使われる．

42・1　線形回帰

　線形回帰は，変数の間に線形な（直線的な）関係があるときに使われる．

> **例**
>
> 　ヒトでは，HbA1c はヘモグロビン分子にどれくらいグルコースが結合しているかの尺度になっている．それは，血液中のグルコース濃度に依存する．
> 　41・3節のグラフはその関係が線形であることを示しているので，これを解析するのに線形回帰を使うことができる．

42・2　最適直線

　21・4節で，散布図に引かれた**最適直線**が，プロットされた点の傾向（トレンド）を最もよく表す直線であることをみた．
　それから，傾きを計算することができる．8章で説明したように，最適直線を y 軸と交わるまで伸ばして，直線グラフの式 $y = mx + c$ の定数 c を推定することができる．
　回帰分析は，この式を数学的に計算する手順である．

42・3　回帰直線

　回帰直線は，グラフ上に散布したデータ点に最もよく適合した直線である．
　回帰係数は，グラフの"傾き"を与えるものであり，他の変数の1単位分の変化が，その変数の何単位分の変化に相当するかを示す．
　回帰定数は，グラフ上での直線の"位置"を与えるものであり，直線が縦軸と交わる点（の座標）である．
　したがって，回帰直線の式は，

$$y = mx + c$$

ここで，x が独立変数，y が従属変数，m が回帰係数，c が回帰定数である．

42・4 最適直線の計算

回帰直線を散布図に適合させるために，それぞれの点から直線への最小垂直距離（偏差，d）が必要になる．

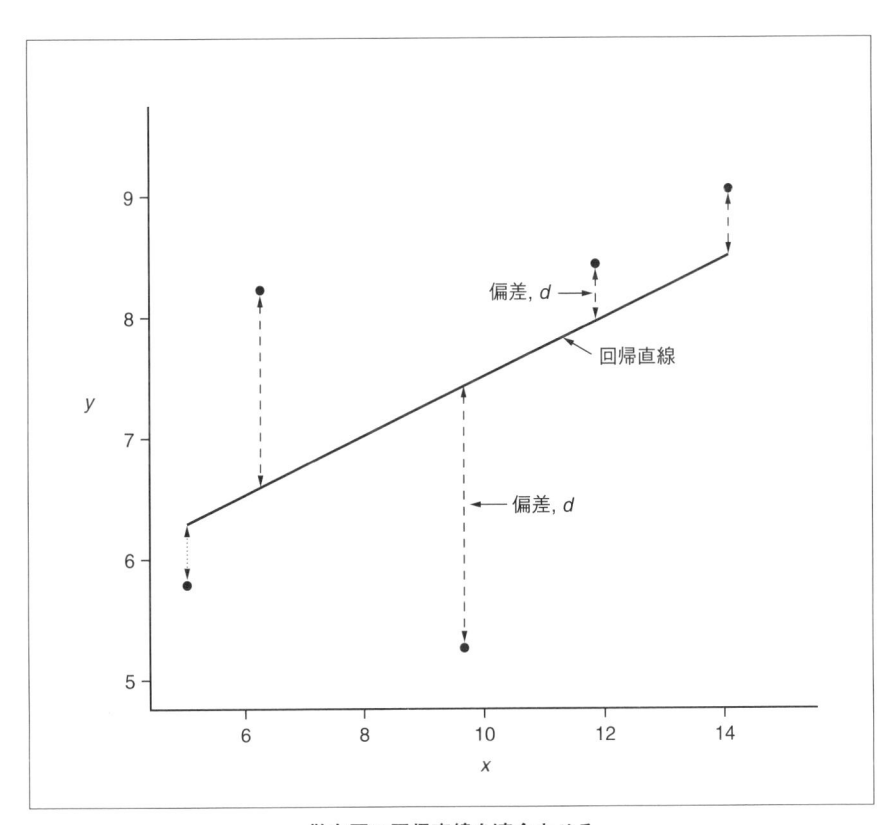

散布図に回帰直線を適合させる

このグラフでは，直線の上の偏差の合計が，直線の下の偏差の合計に等しい．

線形回帰と呼ばれる直線グラフは通常，偏差の"二乗"の和をなるべく小さくする計算法である，**最小二乗法**で計算される．

回帰係数の計算には，次式を使う．

$$m = \frac{\sum(x-\bar{x})(y-\bar{y})}{\sum(x-\bar{x})^2}$$

回帰直線はいつも，x と y の平均値，$\bar{x}$ と $\bar{y}$ を通る．したがって，$\bar{x}$, $\bar{y}$, それに回帰係数 m を回帰直線の式に代入し，

$$\bar{y} = m\bar{x} + c$$

回帰定数 c を計算することができる．

回帰定数と回帰係数がわかれば，任意の与えられたの値に対しての値を計算することができる．

例

標高が高木や低木の多様性にどのように影響しているかを定量化したい．

同じような古さで，同じように森林管理された八つの林地方形区がある．異なる標高における高木と低木の種数は次の通りである．

異なる標高における高木と低木の種数の表

方形区	標高（m）	高木・低木の種数
A	40	58
B	90	55
C	150	33
D	160	46
E	250	31
F	360	29
G	420	16
H	610	4
平均	260	34

これらの値を回帰係数の式に代入して，

$$m = \frac{\sum(x-\bar{x})(y-\bar{y})}{\sum(x-\bar{x})^2} = \frac{23\,790}{257\,600} = -0.0924$$

この値を回帰直線の式，

$$\bar{y} = m\bar{x} + c$$

に代入すると，

$$34 = (-0.0924 \times 260) + c$$

したがって，$c = 58.0$

この回帰のグラフは，次のようになる．

異なる標高における高木と低木の種数の回帰グラフ

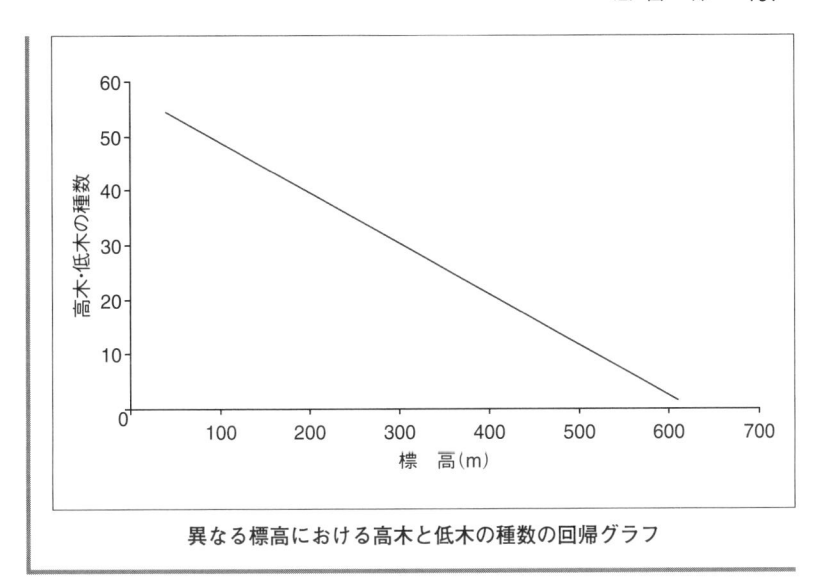

ある与えられた標高における高木と低木の種数を予測するには，標高の値を回帰直線の式，

$$y = -0.0924x + 58$$

に代入すればよい．

標高 300 m における種数を知りたいなら，

$$種数 = y = (-0.0924 \times 300) + 58 \approx 30$$

42・5 回帰で使われるほかの値

回帰係数や回帰定数の推定値の**標準誤差**を計算したくなることがあるかも知れない．標準誤差は得られた値の精度を示すものである．

もしも，散布図の点が大きく散らばっていたら，回帰の**有意水準**も計算しておきたくなるであろう．つまり，計算で得られた傾きが，ゼロと有意に異なる確率である．

もう一つ役に立つ値に，r^2 **値**（相関係数の 2 乗）がある．これは，従属変数の変化が独立変数の変化にどのくらい依存するかを示すものである．

例

上の例で，
- 推定値の標準誤差は，6.10 である．
- $P < 0.001$ で有意であり，したがって傾きがゼロでないことが強く示唆

- r^2 値は 0.91 であるので,種数の変動の 91 % は標高の変動で説明できることになる.

42・6 ほかのタイプの回帰

これまでは,最適な線が直線になるような線形回帰を議論してきた.多くの生物学的な関係は,曲線グラフで与えられる.これらは,たとえばデータの対数をとることによって,しばしば直線関係に "変換" できる.

回帰のほかのかたちとしては,ロジスティック回帰やポアソン回帰などがある.

ロジスティック回帰は,サンプル中のそれぞれのケースが二つのグループのうちのどちらか(たとえば,疾患をもっているか,いないか)に属し,一つのグループに属する確率としてとらえられる場合に使うことができる.

ポアソン回帰は,おもに,まれな事象の時間間隔を研究するのに使われる.

42・7 注意すべき点

回帰は,元のデータの範囲外の予測に使うべきではない.上の例では,標高 40 m から 610 m の間でしか予測できない.

42・8 回帰か,相関か

回帰と相関はよく混同される.

相関は,変数の間の関連性の "強さ" を測る.

回帰は,関連性を "定量化" する.変数のうちの一つが別の変数に影響を与えている場合にだけ,使われるべきである.

自己診断テスト

答は巻末参照.

問 42・1 大きな恒温動物は,小さな恒温動物よりも安静時の心拍数が少ない.

次ページに示す表のそれぞれの値の対数をとって,データを線形回帰に変換し,回帰係数,回帰定数を計算しなさい.

その結果を用いて,体重 15 kg の恒温動物の安静時の心拍数を予測しなさい.

異なる種の体重と安静時の心拍数を比較した表

	体重（kg）	安静時の心拍数（拍数/分）
マウス	0.02	700
ラット	0.2	400
ネコ	5	150
イヌ	10	120
ヒト	70	70
ウマ	450	40

43 ベイズ統計

ベイズ解析は，この本で説明してきた古典的な，"頻度主義"統計学とはまったく違ったやり方である．

この方法は，たとえば構造生物学などでますます盛んに使われるようになってきた．

43・1　事前分布と事後分布

ベイズ統計では，データのサンプル自体を考えるのではなく，すでに入手可能な情報を用いて**事前分布**を設定する．たとえば，研究者は，以前の意見や実験，研究上の発見に対して，数値（重み）を与えることができる．

考慮すべき点は，研究者が異なると，これらの発見に与える重みも異なる可能性があることである．

そうした上で，新しいサンプルのデータをこの事前情報に適合させるように使って，**事後分布**を引き出す．こうして得られたものは，異質の古いデータと新しいデータの両方を取入れたものになる．

自己診断テストの
解　答

2・1　18 の因数は，1，2，3，6，9，18．
21 の因数は，1，3，7，21．
24 の因数は，1，2，3，4，6，8，12，24．
最大公因数は，3．

2・2　$7(4+3)(5-2)=7\times7\times3=147$

2・3　括弧内の合計を計算するのに，足し算の前に割り算を行わなければならない．
$16(4)-10\div5$
それから，割り算と掛け算を行って，
$64-2$
答は 62．

2・4　21 は四つの因数，1，3，7，21 をもつので，素数ではない．
22 は四つの因数，1，2，11，22 をもつので，素数ではない．
23 は 1 とそれ自身（23）の二つの因数しかもたないので，素数である．

2・5　7 の二乗 $=7^2=7\times7=49 (\text{m}^2)$

2・6　$8\times8=64$ だから，
64 の平方根 $=\sqrt{64}=8$．
したがってコドラートは，8 m 四方．

2・7　1 辺 40 mm の立方体の体積
　$=40^3=40\times40\times40=64\,000\,(\text{mm}^3)$

2・8　$4\times4\times4=64$ なので，
64 の立方根 $=\sqrt[3]{64}=4$
したがって，サンプルは 1 辺の長さが 4 mm の立方体である．

3・1　$\dfrac{5}{6}\times72=60$

3・2　20 と 24 は共通因数 4 をもつので，
$\dfrac{20}{24}=\dfrac{20\div4}{24\div4}=\dfrac{5}{6}$

3・3　$\dfrac{24}{28}$ の逆数は $\dfrac{28}{24}$ つまり $1\dfrac{4}{24}$ となる．
これは約分して $1\dfrac{1}{6}$ となる．

3・4　$\dfrac{2}{5}\times\dfrac{9}{10}=\dfrac{2\times9}{5\times10}=\dfrac{18}{50}$
約分して，$\dfrac{9}{25}$ となる．

3・5　$\dfrac{2}{5}\div\dfrac{9}{10}=\dfrac{2}{5}\times\dfrac{10}{9}=\dfrac{2\times10}{5\times9}=\dfrac{20}{45}=\dfrac{4}{9}$

3・6　ここでは最小公分母が 14 である．
$\dfrac{6\times2}{7\times2}+\dfrac{9}{14}=\dfrac{12}{14}+\dfrac{9}{14}=\dfrac{21}{14}=1\dfrac{7}{14}=1\dfrac{1}{2}$

3・7　$1\dfrac{3}{8}$ を変換して，$\dfrac{11}{8}$ となる．
12 と 8 の最小公倍数（最小公分母）は 24．
$\dfrac{11\times3}{8\times3}-\dfrac{7\times2}{12\times2}=\dfrac{33}{24}-\dfrac{14}{24}=\dfrac{33-14}{24}$
$=\dfrac{19}{24}$

3・8　$\dfrac{5}{8}=0.625$ なので $1\dfrac{5}{8}=1.625$ である．

4・1　375 の 40 % は，$\dfrac{40}{100}\times375=150$
したがって，元のサンプルのうちの 150 g は水だった．

4・2　ピークフロー値は，1 分間 160 リットル増えた．

$\dfrac{160}{400} \times 100 = 40\,(\%)$

したがって，40 % 増えたことになる．しかし，元の値から 140 % に増えたことに注意（元の値 100 % に増加分 40 % を加えたもの）．

4・3 18 % の減少は，元の値の 82 % と同じ（100 % − 18 % = 82 %）．
900 g の 82 % は，$0.82 \times 900 = 738\,(g)$

4・4 細胞濃度が ml 当たり 8 億 8800 万個だけ増えた．これは，元の濃度の

$\dfrac{8\,\text{億}\,8800\,\text{万}}{2400\,\text{万}}$

である．したがって増加のパーセントは，

$\dfrac{888}{24} \times 100 = 3\,700\,(\%)$

5・1 小数点を右に 4 桁移動させると，10 のマイナス 4 乗になるので，長さは 4.5×10^{-4} m である．

5・2 小数点を右に 9 桁移動させて，3 000 000 000 塩基対．

5・3 $150 = 1.5 \times 10^2\,(\text{人}/\text{km}^2)$
40 km 四方 = 1600 km^2 = 1.6×10^3 km^2
二つを掛け合わせると，
$(1.5 \times 10^2)(1.6 \times 10^3)$
$= (1.5 \times 1.6)(10^{2+3}) = 2.4 \times 10^5\,(\text{人})$

したがって 40 km 四方中の人口は 2.4×10^5 人と予測される．

6・1 1.050 m は，有効数字 4 桁．

6・2 $58.44 \div 0.137 = 426.569\,\text{g m}^{-3}$
一番精度の悪い値は，水の体積であり，有効数字が 3 桁である．したがって，濃度も有効数字 3 桁で表して，
$427\,\text{g m}^{-3}$

6・3 誤差は ±0.5 g であり，重さは 55.5 g から 56.5 g よりも小さい値の間のどれでもとりうる．

7・1 迷路でネズミが間違った回数のプロットは下図のようになる．

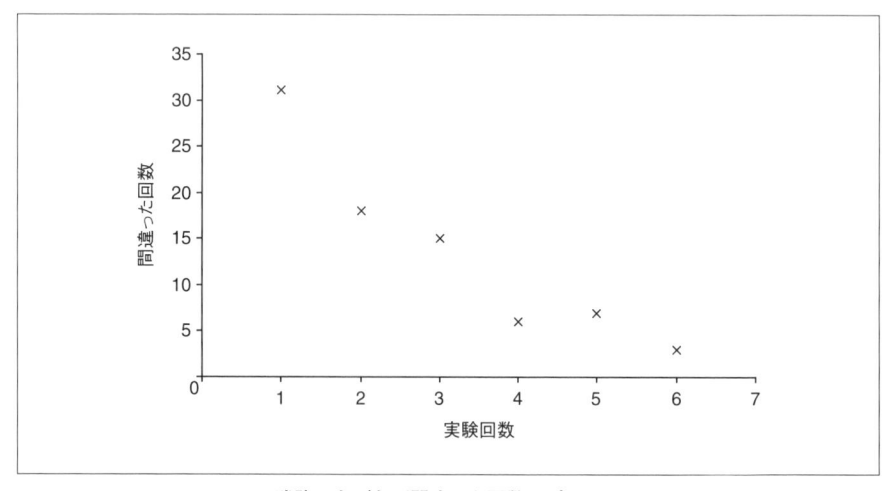

迷路でネズミが間違った回数のプロット

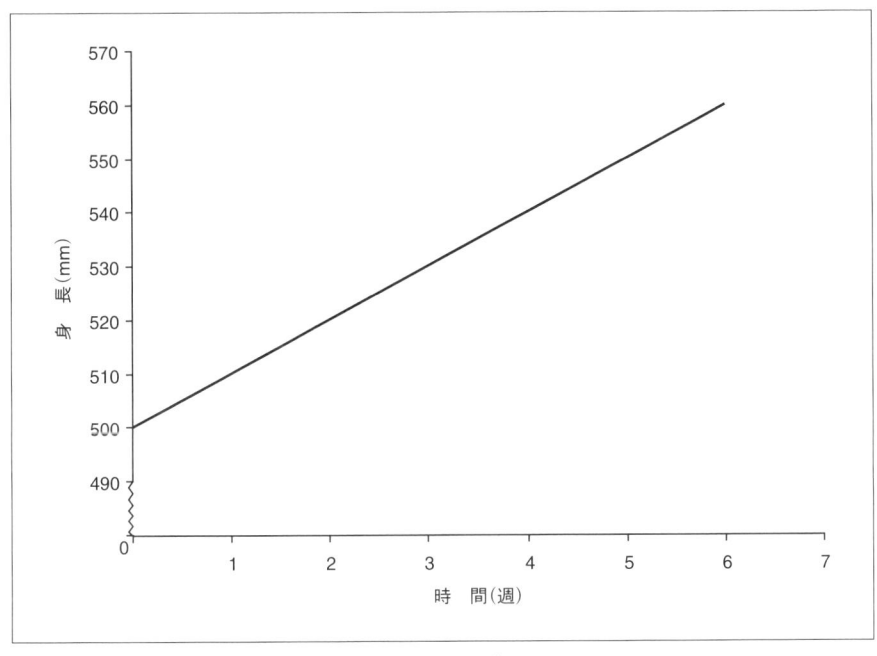

女の乳児の成長グラフ

8・1 グラフのどの部分を使っても構わない．たとえば，x の値が 10 から 50 に変化すると，y の値は 5 000 から 25 000 に変化する．

$$傾き = \frac{y_2 - y_1}{x_2 - x_1} = \frac{25\,000 - 5\,000}{50 - 10}$$
$$= 500\,(\text{m min}^{-1})$$
$$500\,\text{m min}^{-1} = 500 \times 60\,\text{m hour}^{-1}$$
$$= 30\,000\,\text{m hour}^{-1}$$
$$= 30\,\text{km hour}^{-1}$$

8・2 直線グラフの式は，
$$y = mx + c$$
以下の置き換えを行う．

- y を　L = 乳児の身長（mm）
- m を　成長率 = 10 mm/週
- x を　A = 週齢
- c を　生まれたときの身長 = 500 mm

女の乳児の成長の式は，
$$L = 10A + 500$$
女の乳児の成長グラフは上に示す図のようになる．

8・3 まず，傾きを計算する．1 年目の終わりから 3 年目の終わりまでに，木は 200 から 400 mm に成長したから，

$$傾き = \frac{y_2 - y_1}{x_2 - x_1} = \frac{400 - 200}{3 - 1} = 100$$

したがって，直線の式は $y = 100x + c$ になる．

1 年目の高さを代入すると，
$$200 = (100 \times 1) + c$$
したがって，$c = 200 - (100 \times 1) = 100$
植えられたときのセイヨウイチイの高さ

は，100 mm だった．

9・1 $27a^5 + 2a^3 + 5a^2 + 7a$
これはさらに簡約できて，
$a(27a^4 + 2a^2 + 5a + 7)$

9・2 $\dfrac{a^2 b}{a^3} \times \dfrac{a^4 b^2}{b^3} = \dfrac{a^{2+4} b^{1+2}}{a^3 b^3} = \dfrac{a^6 b^3}{a^3 b^3}$
$= a^{6-3} b^{3-3} = a^3 b^0 = a^3$

9・3 分子と分母は両方とも共通因数 $a^2 b^3 (c+2d)$ をもつので，これで割ると，
$\dfrac{a^3 b^3 (c+2d)^4}{a^2 b^4 (c+2d)} = \dfrac{a(c+2d)^3}{b}$

9・4 1) 約分できない．
2) 約分できる．
$\dfrac{c^4 d^2 + b^2 c^2 d^2}{c^2 + b^2} = \dfrac{c^2 d^2 (c^2 + b^2)}{c^2 + b^2} = c^2 b^2$
3) 約分できない．

9・5 $5a(2a - b^2) = (5a \times 2a) - (5a \times b^2)$
$= 10a^2 - 5ab^2$

9・6 最大公因数は，$3a^2 b^2$．
これをくくり出すと，残りは $2a + 3b^2$．
したがって，答は $3a^2 b^2 (2a + 3b^2)$．

9・7 $a^2 - 4b^2 = (a + 2b)(a - 2b)$

10・1 最大のべきが5だから，次数5の多項式である．

10・2
$$\begin{array}{r} 2x^5 + 7x^4 + 5x^3 + 4 \\ -(6x^4) - (9x^3) - (-x^2) - (5) \\ \hline 2x^5 + x^4 - 4x^3 + x^2 - 1 \end{array}$$

10・3
$$\begin{array}{r} +8x^9 +12x^6 +24x^4 \\ -2x^7 -3x^4 - 6x^2 \\ +10x^5 +15x^2 + 30 \\ \hline 8x^9 - 2x^7 + 12x^6 + 10x^5 + 21x^4 + 9x^2 + 30 \end{array}$$

10・4 $x^2 - 6x + 9$ は $x^2 - 2(3x) + 3^2$ となる．
この式は，10・5 節の2番目の多項式で，$a = 3$ の場合に等しい．

$x^2 - 2xa + a^2$
この式は因数分解すると，
$(x - a)^2$
だから，$x^2 - 6x + 9$ は因数分解すると，
$(x - 3)^2$
このことは，$(x-3)(x-3)$ を展開して確かめることができる．

11・1 $x^2 = \dfrac{12}{3} = 4$
$x = \pm \sqrt{4} = \pm 2$

11・2 両辺から1を引いて，
$4y^3 = x - 1$
両辺を4で割って，
$y^3 = \dfrac{x - 1}{4}$
両辺の立方根をとると，
$y = \sqrt[3]{\dfrac{x - 1}{4}}$

12・1 因数分解すると，
$(x + 4)(x + 2) = 0$
最初の因数をゼロにするには，x は -4
2番目の因数をゼロにするには，x は -2
したがって，方程式の解は $x = -4$ と -2

12・2 $x = \dfrac{-b \pm \sqrt{b^2 - 4ac}}{2a}$
$= \dfrac{-6 \pm \sqrt{6^2 - (4 \times 1 \times 8)}}{2 \times 1}$
$= \dfrac{-6 \pm \sqrt{36 - (32)}}{2} = \dfrac{-6 \pm \sqrt{4}}{2} = \dfrac{-6 \pm 2}{2}$
したがって，二つの解は，
$\dfrac{-6 + 2}{2} = -2$ と $\dfrac{-6 - 2}{2} = -4$

12・3 x^2 と x の項を左辺に残し，定数項を右辺に移すと，
$x^2 + 6x = -8$

自己診断テストの解答　189

x^2 の係数は 1 であり，両辺を 1 で割ってもなにも変わらない．

x の係数 6 の半分である 3 を二乗して（つまり 9），これを両辺に加えると，
$$x^2+6x+9=-8+9=1$$
左辺を因数分解すると，
$$(x+3)^2=1$$
両辺の平方根をとると，
$$\sqrt{(x+3)^2}=\sqrt{1}=\pm 1$$
したがって，$x+3=\pm 1$
解は，$x=+1-3=-2$ と $x=-1-3=-4$

13・1　$2x+y=8$ ならば，
$$y=8-2x$$
これを $3x+2y=14$ に代入すると，
$$3x+2(8-2x)=3x-4x+16=-x+16$$
$$=14$$
したがって，$x=2$
x のこの値を $2x+y=8$ に代入すると，
$$4+y=8$$
したがって，$y=4$
解は，$x=2$, $y=4$

13・2　$2x+y=8$　　　(1)
　　　$3x+2y=14$　　　(2)
(1) 式の両辺に 2 を掛ける．
$$2(2x+y)=2\times 8$$
これを展開すると，
$$4x+2y=16$$
二つの方程式とも，$2y=$ のかたちにできる．
(1) 式は，
$$2y=16-4x$$
(2) 式は，
$$2y=14-3x$$
二つの式が等しいので，
$$16-4x=2y=14-3x$$
したがって，$16-4x=14-3x$

これは簡約すると，$x=2$
最初の式のどちらかに代入して，$y=4$
解は，$x=2$, $y=4$

13・3　最初の村の人口を表す式は，
$$y=50x+1\,000$$
ここで，$y=$ 人口，$x=$ 年で測った時間，である．

2 番目の村の人口の式は，
$$y=-50x+1\,600$$
これらの式のグラフは次ページに示す図のようになる．

二つの直線は，人口が 1 300 人になる 6 年目で交わる．

$y=50x+1\,000$ と $y=-50x+1\,600$ の連立方程式を消去法で解くには，どちらの式も $y=$ のかたちなので，次のように書くことができる．
$$50x+1\,000=-50x+1\,600$$
この式は変形すると，
$$50x+50x=1\,600-1\,000$$
したがって，
$$100x=600$$
$$x=6$$
したがって，二つの村の人口は 6 年後に同じくなる．

この x の値を $y=50x+1\,000$ に代入すると，
$$y=(50\times 6)+1\,000=1\,300$$
したがって，6 年後に二つの村とも人口が 1 300 人になる．

14・1　$a_n=a+(n-1)d$ で，最初 12 羽だったので，$a=12$，公差が 4 だから，$d=4$，$n=10$ とすると，
$$12+(10-1)4=12+36=48$$
したがって，10 年目には 48 羽のユメドリがいると予想される．

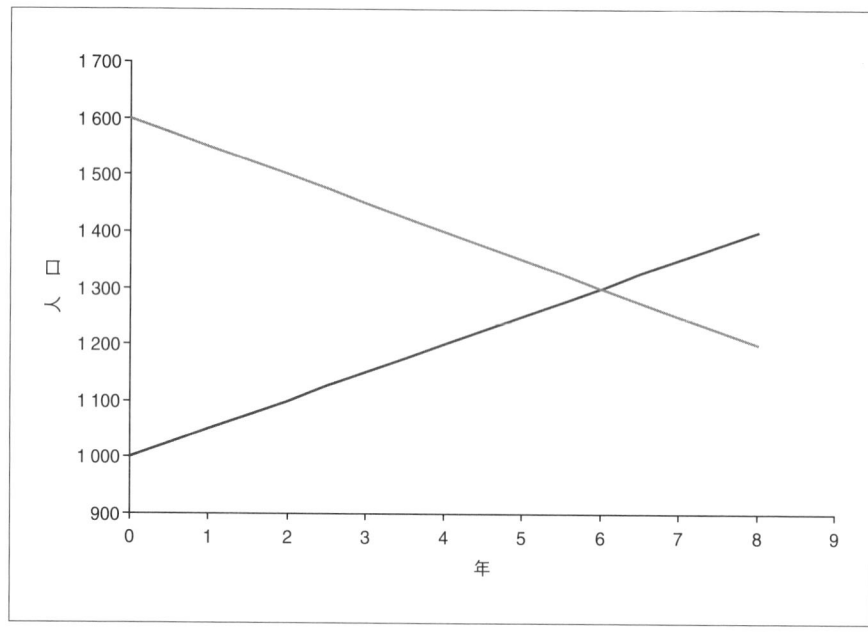

二つの村の人口の時間的推移のグラフ

14・2 今度も $a=12$, $d=4$, $n=10$
これらを,
$$S_n = \frac{n}{2}[2a+(n-1)d]$$
に代入すると,
$$S_{10} = \frac{10}{2}[(2\times 12)+(10-1)4]$$
$$=5\times(24+36)=300$$

14・3 最初の項は 250 だから, $a=250$. 公比は 3 だから, $r=3$, そして $n=7$.
これらを ar^{n-1} に代入すると,
$$250\times 3^{7-1}=250\times 3^6=182\,250$$

14・4 今度も $a=250$, $r=3$, $n=7$.
これらを $S_n = \dfrac{a(r^n-1)}{r-1}$ に代入すると,
$$S_n = \frac{250(3^7-1)}{3-1} = \frac{250\times 2\,186}{2}$$
$$=273\,250 \text{ 本}$$

15・1 $\dfrac{(a+2)^7}{(a+2)^5} = (a+2)^{7-5} = (a+2)^2$
$$=a^2+4a+4$$

15・2 $\sqrt[3]{(2a+1)^6} = (2a-1)^{6/3} = (2a-1)^2$
$$=4a^2-4a+1$$

16・1 1) $\log(1.2\times 10^{-5}) = \log 0.000012$
$$=-4.92$$
$\text{pH} = -\log[\text{H}^+] = -(-4.92) = 4.92$
したがって, 有効数字 2 桁で pH は 4.9 である.

2) $\text{pH} = -\log[\text{H}^+] = 6.3$
$\log[\text{H}^+] = -6.3$
$[\text{H}^+] = 5.0\times 10^{-7}$

16・2 $\ln e^4 = 4$

17・1 最初の患者数 = $N_0 = 5$, 3週間後 ($t=3$週間) の患者数が25人なので,
$N_3 = 25$.
これらの値を指数的増加-減衰の式
$N = N_0 e^{kt}$
に代入して,
$25 = 5e^{3k}$
変形すると
$\dfrac{25}{5} = 5 = e^{3k}$
$\ln 5 = 3k$
$\dfrac{\ln 5}{3} = k$
したがって,
$k = 0.54 (/週)$

17・2 前の問で得られた感染の増加係数 $k = 0.54/週$を用いて, 4週間後, つまり最初の診断から7週間後 ($t=7$週間) に何人の感染者が出るか予測できる. 前と同じく,
$N_0 = 5$
$N_7 = N_0 e^{kt} = 5e^{0.54 \times 7} = 5e^{3.78} = 219 (人)$

17・3 初期値 N_0 としては, どのような値をとってもよい. たとえば, $N_0 = 1$ とする.
8日後 ($t=8$日) には, 初期値の半分になるので, $N_8 = 0.5$
この値を, $N = N_0 e^{kt}$ に代入すると,
$0.5 = 1e^{8k}$
両辺の自然対数をとって,
$\ln 0.5 = 8k$
$\dfrac{\ln 0.5}{8} = k$
$k = -0.087 (/日)$

18・1 球の体積 = $\dfrac{4}{3}\pi r^3$

卵黄の直径は24 mmだから, 半径は12 mm.
$V = \dfrac{4}{3} \times 3.1416 (12^3) = 7238.2464 (\text{mm}^3)$
しかし, 卵黄の直径が有効数字2桁でしか測られていないので, 体積も有効数字2桁で与えなければならない.
卵黄の体積 = $7\,200 \text{ mm}^3$

19・1 その点での熱放出の増加率は,
$\dfrac{dy}{dx} = 2(50x) = 2 \times 50 \times 1.2 = 120 (\text{W m}^{-1})$
したがって, 体長1.2 mでは, 熱放出の増加率は $120 (\text{W m}^{-1})$ である.

19・2 $x = 30$ のとき, 増加率, つまり傾きは,
$\dfrac{dy}{dx} = \dfrac{3x^2}{60} = \dfrac{x^2}{20} = \dfrac{30^2}{20} = 45$
したがって, ハチの巣の半径が30 mmになったとき, 個体数の増加率は半径増加1 mm当たり45匹.

19・3 $y = 3x^{20} - 80$ の微分は,
$\dfrac{dy}{dx} = 20(3x^{20-1}) - 0 = 60x^{19}$

19・4 $y = \dfrac{3}{x^5}$ は, $y = 3x^{-5}$ と同じだから,
$\dfrac{dy}{dx} = 3(-5x^{-5-1}) = -15x^{-6}$

20・1 $\displaystyle\int 7x^4 dx = 7\dfrac{x^{4+1}}{4+1} + C = \dfrac{7x^5}{5} + C$
したがって, 積分は $\dfrac{7x^5}{5} + C$

20・2 $a = 2, n = 3$ を
$\displaystyle\int ax^n dx = a\dfrac{x^{n+1}}{n+1} + C$
に代入して, 定積分を計算する.

$$A = \int_3^5 2x^3 \, dx = \left[\frac{2x^4}{4} + C\right]_3^5$$
$$= \left(\frac{2 \times 5^4}{4} + C\right) - \left(\frac{2 \times 3^4}{4} + C\right)$$
$$= (312.5 + C) - (40.5 + C) = 272$$

22・1 $5.5 \text{ pg} = 5.5 \times 10^{-15} \text{ kg}$

22・2 $(5 \times 10^3)(6 \times 10^3) = 30 \times 10^6$
$$= 3 \times 10^7 (\text{m}^2)$$

22・3 $0\,℃ = 273.15\,\text{K}$ だから,
$-40.5\,℃ = -40.5 + 273.15 = 232.65\,\text{K}$
℃での温度は小数点以下1桁で与えられているので,Kの温度も小数点以下1桁で与えなければならない.
$-40.5\,℃ = 232.7\,\text{K}$

23・1 モル数 $= \dfrac{\text{質量}}{\text{相対分子質量}} = \dfrac{450.45\,\text{g}}{180.18}$
$= 2.5$ モル

23・2
C_5 $5 \times 12.01 = 60.05$ Da
H_4 $4 \times 1.01 = 4.04$ Da
N_4 $4 \times 14.01 = 56.04$ Da
O_3 $3 \times 16.00 = 48.00$ Da
尿酸の分子量 $= 168.13$ Da

23・3 グルコースの質量
$= 180.18 \times 0.5\,\text{M} \times 0.21 = 18.018\,\text{g}$

23・4 $\dfrac{0.25\,\text{M}}{1\,\text{M}} = \dfrac{500\,\text{ml}}{x\,\text{ml}}$

$x = \dfrac{1 \times 500}{0.25} = 2000\,\text{ml}$

したがって,2 l の 0.25 M 溶液ができる.

23・5 5%w/v 水溶液は,100 ml 当たり 5 g のグルコースを含むので,50 g l^{-1}.

$50\,\text{g}\,\text{l}^{-1} = \dfrac{50}{180.18} = 0.28\,\text{M}$

24・1 0.1 M の HCl では,ほとんど完全に解離しているので,H$^+$ イオンの濃度も 0.1 M である.つまり $[\text{H}^+] = 0.1$
$\text{pH} = -\log[\text{H}^+] = -\log 0.1 = 1$
したがって,0.1 M の HCl の pH は,1 である.

24・2 $[\text{H}^+][\text{OH}^-] = 10^{-14}$ なので,
$[\text{H}^+][\text{OH}^-] = [\text{H}^+] \times 0.1 = 10^{-14}$
したがって,$[\text{H}^+] = \dfrac{10^{-14}}{0.1} = 10^{-13}$
$\text{pH} = -\log[\text{H}^+] = -\log 10^{-13} = 13$
0.1 M NaOH の pH は,13 である.

24・3 $\text{p}K_a = -\log K_a = 9.25$
したがって,
$\log K_a = -9.25$
$K_a = 5.62 \times 10^{-10}$

25・1 まずでき上がった溶液の体積を計算し,それからモル濃度を計算する.溶液の体積は,500 ml になる.したがって,でき上がったトリス HCl のモル濃度は,

$\dfrac{300}{500} = 0.6\,(\text{M})$

トリス塩基のモル濃度は,

$\dfrac{200}{500} = 0.4\,(\text{M})$

$\text{pH} = \text{p}K_a + \log\dfrac{[\text{A}^-]}{[\text{HA}]} = 8.3 + \log\dfrac{0.4}{0.6}$

$= 8.3 + (-0.1761) = 8.1239$

有効数字2桁で,pH は 8.1 である.

25・2 希望する $\text{pH} = 7.4 = 7.2 + \log\dfrac{[\text{A}^-]}{[\text{HA}]}$

したがって,$\log\dfrac{[\text{A}^-]}{[\text{HA}]} = 7.4 - 7.2 = 0.2$

$\dfrac{[\text{A}^-]}{[\text{HA}]} = 1.585$

したがって,1 M の共役塩基と 2-エチルマロン酸の比が 1.585 対 1 になるようにし

なければならない．
　　必要な共役塩基の量
$$= \frac{1.585}{1+1.585} = 0.61 \text{ リットル}$$

必要な酸の量 $= \dfrac{1}{1+1.585} = 0.39$ リットル

28・1 $\bar{x} = \dfrac{\sum x}{n}$

$= \dfrac{11.7+11.9+12.2+12.7+13.0}{5} = \dfrac{61.5}{5}$

$= 12.3 \text{ g dl}^{-1}$

28・2 中央値は，真ん中の二つの値の間をとって，12.5 g dl^{-1} となる．

29・1 問28・1の答から，サンプル平均は 12.3 g dl^{-1} となる．

ヘモグロビン x	サンプル平均 $\bar{x}$	偏差 $x-\bar{x}$	偏差平方 $(x-\bar{x})^2$
11.7	12.3	−0.6	0.36
11.9	12.3	−0.4	0.16
12.2	12.3	−0.1	0.01
12.7	12.3	0.4	0.16
13.0	12.3	0.7	0.49
偏差平方和 $\sum(x-\bar{x})^2$			1.18
$n-1$ で割ると分散，V となる．			$\dfrac{1.18}{(5-1)} = 0.295$
分散の平方根が SD，σ となる．			$\sqrt{0.295} = 0.543$

したがって，$\text{SD} = 0.543 \text{ g dl}^{-1}$ である．

30・1 $z = \dfrac{(x-\mu)}{\sigma} = \dfrac{(15.5-12.5)}{1.2} = 2.5$

33・1 $\text{SEM} = \dfrac{\text{SD}}{\sqrt{n}} = \dfrac{0.4}{\sqrt{16}} = 0.1$

34・1 $\text{SEM} \times 1.96 = 0.8 \times 1.96 = 1.57$
　　$\bar{x} - 1.57 = 12.8 - 1.57 = 11.23$
　　$\bar{x} + 1.57 = 12.8 + 1.57 = 14.37$
したがって，95 %CI は，11.23 から 14.37 である．
　　$\text{SEM} \times 2.58 = 0.8 \times 2.58 = 2.06$
　　$\bar{x} - 2.06 = 12.8 - 2.06 = 10.74$
　　$\bar{x} + 2.06 = 12.8 + 2.06 = 14.86$
したがって，99 %CI は，10.74 から 14.86 である．
　　$\text{SEM} \times 3.29 = 0.8 \times 3.29 = 2.63$
　　$\bar{x} - 2.63 = 12.8 - 2.63 = 10.17$
　　$\bar{x} + 2.63 = 12.8 + 2.63 = 15.43$
したがって，99.9 %CI は，10.17 から 15.43 である．

35・1 二つのサイコロをふって，6の目が二つ同時に出る確率は，
　　36のうちの一つの機会
　　1/36 の機会
　　0.028 の確率
　　$P = 0.028$
　　2.8 %の確率

36・1 帰無仮説は，コムギの種子の発芽率が二つの温度で差がないというものである．

36・2 $P = 0.25$ は，この差が偶然生じた確率は，1のうちの 0.25，つまり 4 回に 1 回であるという意味である．
　　これは統計的に有意ではない．

38・1 $t = \dfrac{\bar{x} - E}{\text{SEM}} = \dfrac{62-70}{8} = -1$

t分布は対称的であるが，普通は表には正の値しか出ていない．したがって，$t = -1$ については，$t = +1$ のところをみる．

異なる培地による $E.coli$ 増殖の χ^2 計算の表

	観測頻度, O	期待頻度, E	$O-E$	$(O-E)^2$	$\dfrac{(O-E)^2}{E}$
標準培地・コロニーあり	144	152	-8	64	0.4211
標準培地・コロニーなし	96	88	8	64	0.7273
新しい培地・コロニーあり	160	152	8	64	0.4211
新しい培地・コロニーなし	80	88	-8	64	0.7273
					$\sum = \dfrac{(O-E)^2}{E} = 2.297$

$t=1$, df 11 のところである.

付録2の表によると, df 11 では5%有意水準の臨界値は2.20である. $t<2.20$ だから, この結果は有意ではない.

38・2 $t = \dfrac{\bar{d}}{\mathrm{SE}_d} = \dfrac{(36.9-36.8)}{0.04} = 2.5$

したがって, $t=2.5$, df 19 である.

付録2の t 値の表によると, df 19 では5%有意水準の臨界値は2.09であり, 1%の臨界値は2.86である. 計算で得られた値2.5は, 5%有意水準に必要な値よりも大きいが, 1%有意水準に必要な値よりも小さい. したがって, P 値は0.05よりも小さいが, 0.01よりは大きい.

38・3 $t = \dfrac{\bar{x}_a - \bar{x}_b}{\mathrm{SE}_d} = \dfrac{1.5-1.2}{0.1} = 3$

したがって, $t=3$, df 58 (ただし, 表には df 58 が出ていないので, 近似として df = 60 を使う) である.

付録2の表から, df 58 の t の臨界値は, 1%有意水準では2.66, 0.1%では3.46である. 計算で得られた値3.0は, 1%有意水準に必要な値よりも大きいが, 0.1%有意水準に必要な値よりも小さい. したがって, P 値は0.01よりも小さいが, 0.001よりは大きい.

40・1 標準培地でコロニーができる期待頻度 E は,

$E = $(細菌コロニーができるペトリ皿の総数)×(標準培地のペトリ皿の数/ペトリ皿の総数)

したがって, 培地の違いが細菌の増殖に影響しないという帰無仮説のもとでの期待頻度は次のようになる.

$E = \dfrac{304 \times 240}{480} = 152$ 個の標準培地のペトリ皿でコロニーができる.

$E = \dfrac{176 \times 240}{480} = 88$ 個の標準培地のペトリ皿でコロニーができない.

$E = \dfrac{304 \times 240}{480} = 152$ 個の新しい培地のペトリ皿でコロニーができる.

$E = \dfrac{176 \times 240}{480} = 88$ 個の新しい培地のペトリ皿でコロニーができない.

上に示す表に,

$\sum \dfrac{(O-E)^2}{E}$

の計算を示す.

したがって, $\chi^2 = 2.297$ である.

40・2 df $= (2-1)(2-1) = 1$

1 df (自由度1) では, 5%有意水準の臨

界値は，3.84 である．
ところが，計算で得られた χ^2 は 2.297 であり，臨界値よりも小さいので，結果は有意ではなく，帰無仮説は棄却されない．

41・1 $\rho = \dfrac{\sum(x-\bar{x})(y-\bar{y})}{\sqrt{\sum(x-\bar{x})^2 \sum(y-\bar{y})^2}}$

$= \dfrac{-284}{\sqrt{536 \times 160}} = -0.97$

42・1 それぞれの値の対数は右の表のようになる．

対数に変換したあとで，$(x-\bar{x})$ と $(y-\bar{y})$ を計算したので，それらを使って次のような計算ができる．

$m = \dfrac{\sum(x-\bar{x})(y-\bar{y})}{\sum(x-\bar{x})^2} = \dfrac{-3.73}{12.91} = -0.289$

回帰直線の式 $\bar{y} = m\bar{x} + c$ に代入して，
$2.19 = (-0.289 \times 0.63) + c$

したがって，$c = 2.37$

回帰直線は，$y = -0.289x + 2.37$ となる．
体重 15 kg の動物では，$\log(15) = 1.176$
$y = (-0.289 \times 1.176) + 2.37 = 2.03$
これは安静時心拍数の期待値の対数だから，
心拍数の期待値 $= 10^{2.03} = 107$ 拍数/分
である．

異なる種の体重と安静時の心拍数を比較した表

	体重 (kg)	体重の対数	安静時の心拍数 (拍数/分)	心拍数の対数
マウス	0.02	-1.70	700	2.85
ラット	0.2	-0.70	400	2.60
ネコ	5	0.70	150	2.18
イヌ	10	1.00	120	2.08
ヒト	70	1.85	70	1.85
ウマ	450	2.65	40	1.60
平均	—	0.63	—	2.19

付録1 統計的検定法を選ぶための意思決定フローチャート

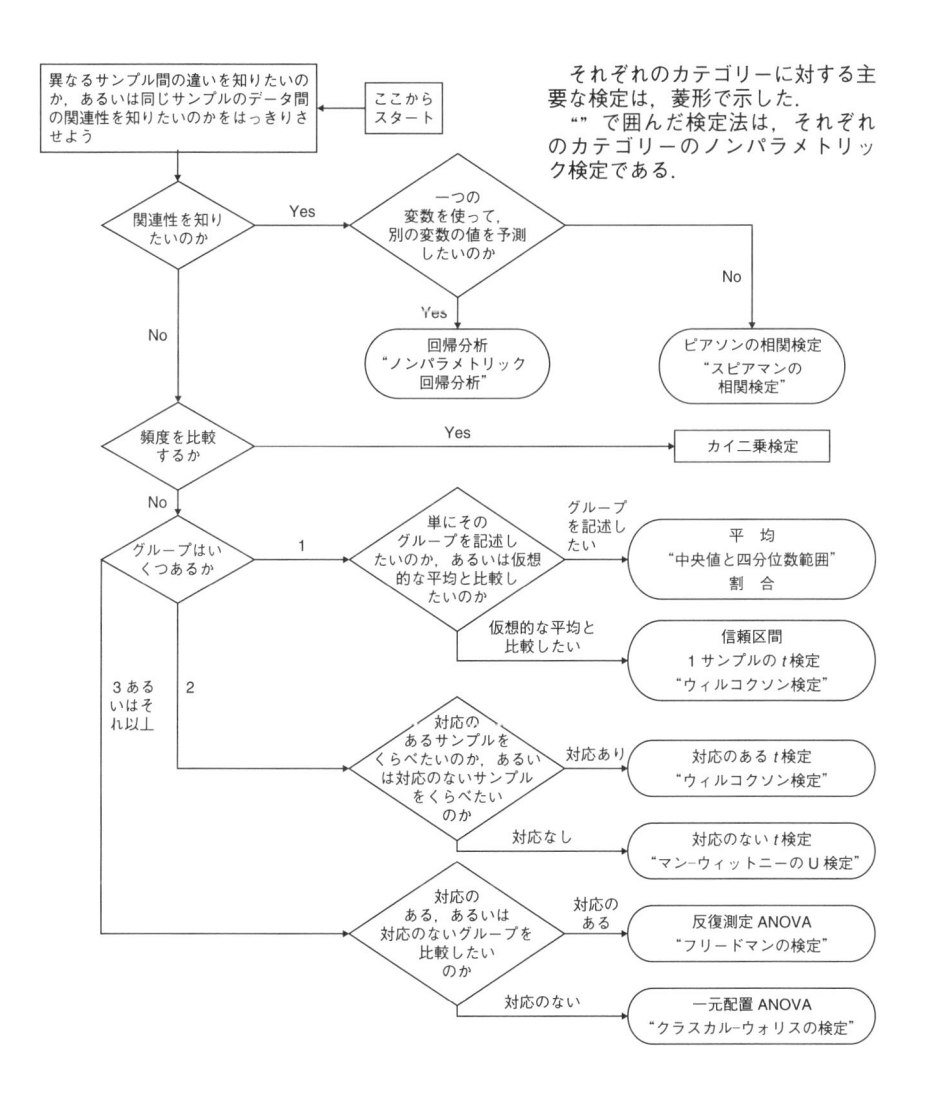

それぞれのカテゴリーに対する主要な検定は，菱形で示した．
" " で囲んだ検定法は，それぞれのカテゴリーのノンパラメトリック検定である．

```
[ここからスタート]
    │
[異なるサンプル間の違いを知りたいのか，あるいは同じサンプルのデータ間の関連性を知りたいのかをはっきりさせよう]
    │
    ▼
◇ 関連性を知りたいのか
    ├─ Yes → ◇ 一つの変数を使って，別の変数の値を予測したいのか
    │           ├─ Yes → [回帰分析 "ノンパラメトリック回帰分析"]
    │           └─ No  → [ピアソンの相関検定 "スピアマンの相関検定"]
    │
    └─ No
        │
        ▼
    ◇ 頻度を比較するか
        ├─ Yes → [カイ二乗検定]
        └─ No
            │
            ▼
        ◇ グループはいくつあるか
            │
            ├─ 1 → ◇ 単にそのグループを記述したいのか，あるいは仮想的な平均と比較したいのか
            │        ├─ グループを記述したい → [平均 "中央値と四分位数範囲" 割合]
            │        └─ 仮想的な平均と比較したい → [信頼区間 1サンプルの t 検定 "ウィルコクソン検定"]
            │
            ├─ 2 → ◇ 対応のあるサンプルをくらべたいのか，あるいは対応のないサンプルをくらべたいのか
            │        ├─ 対応あり → [対応のある t 検定 "ウィルコクソン検定"]
            │        └─ 対応なし → [対応のない t 検定 "マン-ウィットニーの U 検定"]
            │
            └─ 3あるいはそれ以上 → ◇ 対応のある，あるいは対応のないグループを比較したいのか
                                     ├─ 対応のある → [反復測定 ANOVA "フリードマンの検定"]
                                     └─ 対応のない → [一元配置 ANOVA "クラスカル-ウォリスの検定"]
```

付録2　t 分布の臨界値

　この表は，いろいろな自由度と一般に使われる有意水準に対する t の臨界値を示している．

　通常は両側検定の有意水準を用いる．片側検定，両側検定の説明は 38・2 節を参照．t の計算値が指定された有意水準に対応する表の値よりも大きければ，帰無仮説は棄却される．

自由度 (df)	両側検定の有意水準		
	2.5 %	1 %	0.1 %
	片側検定の有意水準		
	5 %	0.5 %	0.05 %
1	12.71	63.66	636.58
2	4.30	9.92	31.60
3	3.18	5.84	12.92
4	2.78	4.60	8.61
5	2.57	4.03	6.87
6	2.45	3.71	5.96
7	2.36	3.50	5.41
8	2.31	3.36	5.04
9	2.26	3.25	4.78
10	2.23	3.17	4.59
11	2.20	3.11	4.44
12	2.18	3.05	4.32
13	2.16	3.01	4.22
14	2.14	2.98	4.14
15	2.13	2.95	4.07
16	2.12	2.92	4.01
17	2.11	2.90	3.97
18	2.10	2.88	3.92
19	2.09	2.86	3.88
20	2.09	2.85	3.85
25	2.06	2.79	3.73
30	2.04	2.75	3.65
40	2.02	2.70	3.55
50	2.01	2.68	3.50
60	2.00	2.66	3.46
70	1.99	2.65	3.43
80	1.99	2.64	3.42
90	1.99	2.63	3.40
100	1.98	2.63	3.39
無限大	1.96	2.58	3.29

注：自由度無限大の t 分布は，正規分布になる．

付録3　カイ二乗分布の臨界値

　この表は，いろいろな自由度と一般に使われる有意水準に対するカイ二乗の臨界値を示している．

　カイ二乗の計算値が指定された有意水準に対応する表の値よりも大きければ，帰無仮説は棄却される．

自由度 (df)	有意水準 5 %	1 %	0.1 %
1	3.84	6.63	10.83
2	5.99	9.21	13.82
3	7.81	11.34	16.27
4	9.49	13.28	18.47
5	11.07	15.09	20.51
6	12.59	16.81	22.46
7	14.07	18.48	24.32
8	15.51	20.09	26.12
9	16.92	21.67	27.88
10	18.31	23.21	29.59
11	19.68	24.73	31.26
12	21.03	26.22	32.91
13	22.36	27.69	34.53
14	23.68	29.14	36.12
15	25.00	30.58	37.70
16	26.30	32.00	39.25
17	27.59	33.41	40.79
18	28.87	34.81	42.31
19	30.14	36.19	43.82
20	31.41	37.57	45.31
25	37.65	44.31	52.62
30	43.77	50.89	59.70
40	55.76	63.69	73.40
50	67.50	76.15	86.66
60	79.08	88.38	99.61
70	90.53	100.43	112.32
80	101.88	112.33	124.84
90	113.15	124.12	137.21
100	124.34	135.81	149.45

索　引

あ

ANOVA → 分散分析
r^2 値　181

e　60, 79
イエーツの連続性補正　171
イオン積　109
意思決定フローチャート
　　　　　　141, 155
一次式　39
一次方程式　33
因　数　4
　式の——　35
因数分解　37, 46
　多項式の——　41

SI 単位　100
　——でない単位　101
SEM → 平均の標準誤差
SD → 標準偏差
x 軸　24
$\bar{x}$　124
F 値　167
ln　60
円　67
塩　基　110
円　錐　67
円　柱　67

か

回帰曲線　89
回帰係数　178
回帰直線　91, 178
回帰定数　178
回帰分析　156, 178

カイ二乗（χ^2）　169
カイ二乗検定　156, 169
概　数　21
解　離　109, 115
ガウス分布　124
確　率　150
仮　説　141
片側検定　160
傾　き　69
　——を与える式　29
　曲線の——　71
　正の——　31
　直線の——　28
　負の——　30, 31
偏　り　120
括　弧
　——の使い方　4
割　線　73
カテゴリー変数　88, 122
緩衝液　112
関　数　72
　——の表記法　73
観測者偏り　121
観測値　120, 139
簡　約　34

基　質　115
基質濃度　94, 116
記述統計　122
期待頻度　169
規定度　107
帰無仮説　141, 152, 160
逆　数　8
逆反応速度定数　114
球　67
共通因数　4
共通分母　9
共役塩基　110
共役酸　111
曲　線　73

近　似　20

区間変数　121
グラフ　24, 87

計　算
　——の順番　5
K_a　110
K_M　115
弦
　——の傾き　75
原子量　103
検定統計量　141
原　点　32
　——を通らないグラフ　32

項　53
公　差　53
酵素-基質　115
酵素反応速度論　115
勾配 → 傾き
公　比　55
公分母 → 共通分母
交絡因子　142
国際単位系 → SI 単位
誤　差　22
コドラート → 方形区
コルモゴロフ・スミルノフ検定
　　　　　　　　155
根　59

さ

最小公分母　9
最小二乗法　179
最大公因数　37
最適直線　178
最頻値　128
座　標　25

索引

酸　110
酸解離定数　110
三項式　39
三次式　39, 94
散布図　87
サンプル　120
サンプル単位　120

CI → 信頼区間
シェッフェ検定　168
Σ　85
σ　132
事後検定　168
事後分布　184
指　数　16, 61, 94
次　数　39
指数的減衰　63, 65, 98
指数的増加　63, 95
自然対数　60, 96, 97
事前分布　184
四分位数　127
従属変数　24, 72
自由度　135, 139, 170
順　位　122, 157
順序づけ　155
順序変数　122
小　数　10
　──のパーセントへの変換　12
小数位　20
信頼区間　147
親和性　115

水酸化物イオン濃度　109
水素イオン濃度　109
推測統計　122, 141
数　式
　──の正しい解釈　4
数　列　53

正確さ　22
正規分布　124, 137, 155
生成物　114
精　度　20, 22
正反応速度定数　114
正比例　25
生物学的触媒　114
積　分　81

積分記号　81
積分計算　81
接　線　72, 74
絶対温度　102
絶対値　5
z スコア　137
セルシウス温度　102
漸近線　94
線　形　33, 39
線形回帰　178
線形方程式 → 一次方程式

増加係数　66
相加平均　124
相　関　156, 173
相関係数　173
相対分子質量　103
速度定数　114
素　数　6

た

対　数　16, 60
　──の規則　61
代　数　34
代数方程式　43
多項式　39
多重検定　165
ダネット検定　168
中央値　125
チューキー検定　168

底　60
df → 自由度
t 検定　156, 159, 165
　1 サンプル──　161
　スチューデントの──　159
　対をなさない──　161
　対をなす──　161
t 検定表　159
定　数
　──の微分　77
定積分　81
滴　定　112
データ　120, 124
　──を表にする　13

展　開　36
導関数　70, 76
統計学用語　120
等差級数　54
等差数列　53
等比級数　55
等比数列　55
独立変数　24, 72
度数 → 頻度
ドルトン　103

な

二項式　39
二次式　39
二次方程式　45, 92
　──の解の公式　47
2 値変数　122
二峰性分布　128

濃度　104
ノンパラメトリック検定　155

は

パイ (π)　67
倍数接頭語　100
倍増時間　64
箱ひげプロット　127
パーセント　12
%w/w　106
%w/v　106
%v/v　106
パーセント溶液　106
パラメトリック検定　155
半対数方眼紙　63, 95
反応速度　94
反応速度論　114
反応物　114

P, p → 確率
pH　60, 109, 112
pK_a　110
被験者　120
P 値　152

索　引

微　分　69
　　e^x の―― 79
　　定数の―― 77
微分計算　69
微分係数　76
百分率 → パーセント
表　13
表現法
　　数字の標準の―― 17
　　数字の普通の―― 16
標準型　17
標準誤差　162, 181
　　平均の―― 144
標準偏差　130, 137, 139, 144, 145
　　サンプルの――の計算　135
標本 → サンプル
比率変数　121
頻　度　14, 169

フィッシャーの正確検定　171
V_{max}　94, 115, 116
フィールド　120
不定積分　81
不定定数　81
分割表　169
分散分析　156, 165
　　一元配置―― 167
　　繰返し測定の―― 167
分　子　8
分子量　103
分　数　8
　　――の計算　8
分　母　8

平　均　124, 139
　　――の標準誤差　144
平衡定数　114
ベイズ解析　184
ベイズ統計　184
平方根　6
平方数　6

べき → 累乗
変　換　95, 155
偏　差　130
変　数　120
ヘンダーソン-ハッセルバッハ
　　の式　112
ポアソン回帰　182
方形区　6
方程式　43
母集団　120
母集団分散　131
母集団平均　144
母分散 → 母集団分散
ボンフェローニ補正　168

ま

まるめ　21
マンテル-ヘンツェル検定　171
ミカエリス定数　115
ミカエリス-メンテンの式　94, 115
μ　125
無作為抽出　121
名義変数　88, 122
面積計算
　　積分を使った―― 82
モ　ル　103
モル数　104
モル濃度　104

や

約　分　8
　　式の―― 36

分数の―― 35
有　意　142
有意水準　142, 168, 170, 181
有意性　152, 155
有効桁数　21
有効数字　20

ら

ラインウィーバー-バークの
　　プロット　117
乱　数　121
離散的　88
立方根　7
立法数　7
lim　75, 85
両側検定　160
累　乗　16, 34, 39, 43, 58
　　――の掛け算と割り算　17
　　――の規則　58
　　――の指数　60
　　10 の―― 16
連続的　87
連続変数　121
連立方程式　49
　　――の解き方　49
log　60
ロジスティック回帰　182

わ

y 軸　24

長谷川 政美
1944年 新潟県に生まれる
1966年 東北大学理学部 卒
統計数理研究所 名誉教授
総合研究大学院大学 名誉教授
専攻 分子進化学
理学博士

第1版 第1刷 2008年10月10日 発行
第3刷 2022年 2月 8日 発行

生命科学・医科学のための 数学と統計

© 2008

訳 者　長 谷 川 政 美
発 行 者　住 田 六 連
発　　行　株式会社 東京化学同人
東京都文京区千石3-36-7（〒112-0011）
電話 03-3946-5311・FAX 03-3946-5316
URL：http://www.tkd-pbl.com/

印　刷　株式会社 シナノ
製　本　株式会社 松岳社

ISBN 978-4-8079-0689-5
Printed in Japan
無断複写，転載を禁じます．